AF859148

LE POINT G
EXISTE-T-IL ?

DANS LA MÊME COLLECTION

Frédéric Denhez, *Pourquoi les femmes ont-elles une pomme d'Adam ? 101 questions et idées reçues sur le corps humain*, 2008.

Frédéric Denhez, Marielle Mayo, *Pourquoi les mules ne sont pas des mères poules, et 99 autres questions aux généticiens*, 2010.

503
LAR

DAVID LAROUSSERIE

LE POINT G EXISTE-T-IL ?

ET 59 AUTRES ÉNIGMES
DE LA SCIENCE

l'Archipel

Bibliothèque 13 Départementale

Un livre présenté par Jean-Marc Biais

Retrouvez ces énigmes de la science
et signalez-en d'autres sur
www.mysteredelascience.fr

www.editionsarchipel.com

Si vous souhaitez recevoir notre catalogue et être tenu au courant de nos publications, envoyez vos nom et adresse, en citant ce livre, aux Éditions de l'Archipel,
34, rue des Bourdonnais 75001 Paris.
Et, pour le Canada, à
Édipresse Inc., 945, avenue Beaumont,
Montréal, Québec, H3N 1W3.

ISBN 978-2-8098-0344-0

Copyright © L'Archipel, 2010.

Avant-propos

Comment ? Encore un livre de questions scientifiques ! On va de nouveau nous raconter pourquoi « les manchots ne peuvent pas descendre les escaliers », pourquoi « les vaches n'ont pas froid aux pieds », comment « fossiliser son chat » ou encore « pourquoi les guêpes ont le blues », pour reprendre, en les déformant, les titres de quelques succès de librairie. Mais à force de répondre aux questions que nul ne se pose, on en oublie de ne pas répondre à celles qui demeurent posées ! Voici donc un livre de questions… sans réponse, dans des domaines aussi divers que la physique, les mathématiques, la biologie, la chimie, mais aussi l'histoire ou la géographie.

La science, en ce début de XXIe siècle, n'a pas réponse à tout. L'étendue de son ignorance est même impressionnante. Les succès technologiques ou médicaux ne signifient pas qu'elle touche à sa fin. Bien au contraire. Ce qui reste à découvrir est aussi vaste que ce qui a déjà été compris. Réduire l'inconnu aux soixante chapitres de ce livre, qui sont autant de mystères, serait présomptueux. Ce n'est qu'un échantillon destiné à faire savourer ces plaisirs quotidiens de la science que sont le doute, la curiosité, la ténacité, la diversité, la volonté de comprendre…

Pointer les problèmes non résolus est aussi une manière de rappeler que le quotidien des chercheurs n'est pas une sinécure : il est aussi faite d'impasses, de fausses pistes, de controverses, de patience, de hauts et de bas… Mais se perdre dans les incertitudes de la recherche n'empêche pas de raconter, l'air de rien, tout ce que les scientifiques ont déjà appris. Ne pas avoir réponse à tout ne signifie pas qu'on ne sait rien. Enfin, cartographier ces territoires inconnus permet de se projeter dans l'avenir, qui apportera les solutions de ces problèmes irréductibles. Le tableau du présent est aussi une esquisse du lendemain.

La sélection a été rude. Évacués d'office, les mystères résolus : adieu vaches, chats, manchots ! Pas question non plus de disserter sur un problème étudié par un seul chercheur – mais y en a-t-il ? Les mystères « spéculatifs » ont été écartés sans vergogne : par quoi remplacera-t-on le silicium des ordinateurs ? Un robot sera-t-il plus intelligent qu'un homme ? Les poissons vont-ils disparaître ? La science va-t-elle exploser ? Ah ! si, gardons celle-là pour la conclusion…

Ensuite, formuler des questions simples à comprendre. De sorte que les maths partent avec un sérieux handicap. Dans cette discipline, le stock de questions est certes bien rempli, mais la plupart sont byzantines…

Il fallait aussi éviter les tentations hégémoniques de la physique : l'histoire, les sciences humaines ont donc leur place dans ces pages. Et la biologie, bien sûr ! Mais la reine des sciences ne pouvait être minoritaire.

Enfin, la science avance. Les anguilles, les pigeons, les dunes de sable, les vagues scélérates ont bien failli livrer leur secret avant l'achèvement de ce livre. Heureusement, il y a toujours des détails qui clochent ! Mettre un point final en recherche est plus difficile qu'en littérature.

Des trous ? Chacun jugera qu'il y en a… et même des trous noirs ! Un chercheur, avec raison, m'a ri au nez lorsque je lui ai demandé de me suggérer un mystère : tout travail de recherche n'est-il pas ouvert par définition ? Autant d'énigmes que de physiciens, de biologistes ou de chimistes… Mais ce livre n'est pas un rapport exhaustif, administratif et sentencieux. La variété du paysage nous importe plus que sa précision. S'il contient des approximations, ceux qui m'ont guidé sur les chemins de leur méconnaissance n'en sont pas responsables.

Le résultat est un mélange de grands mystères – les origines de la vie ou de l'univers – et de plus petits – celui de l'existence du point G.

Il en est de profonds, comme la position de l'Atlantide. Et de plus aériens, comme l'existence d'une dixième planète.

Il en est d'arides, comme la surface de Mars. Et de plus humides, comme le Gulf Stream.

Il en est de piquants comme l'abeille. Et de tendres comme un baiser.

Il en est de sombres comme les trous noirs. Et de colorés comme le rougissement.

Il en est de tordus comme notre espace. Et de plus droits comme le linéaire A.

Il en est qui sonnent juste, comme un Stradivarius. Et d'autres faux, comme le manuscrit de Voynich.

Il en est de forts, comme la langue basque. Et de faibles, comme les feuilles mortes.

Il en est de bien remplis, comme l'équation de Tout. Et d'autres sans fond, comme le vide.

Il en est qui s'égarent comme les rêves. Et d'autres qui retrouvent leur chemin, comme les pigeons voyageurs.

Il en est d'agités comme la turbulence. Ou de sages comme les images d'un visage captées par le cerveau…

Cet inventaire convaincra, j'espère, que la science et ses chercheurs sont bien vivants. Que se frotter aux grands problèmes est tout aussi enrichissant que de se pencher sur les « petits » sujets. Que d'une question peuvent en jaillir d'autres. Que d'un problème peuvent sortir des solutions inattendues. Et peut-être que la façon de faire de la recherche ne sera plus la même demain.

Mystère !

ABEILLES

Qu'est-ce qui cause leur hécatombe ?

Les abeilles tombent comme des mouches. 30 à 50 % de leur population décimée en 2007 en Italie, 20 % en République tchèque, au Luxembourg ou en Angleterre, selon le dernier rapport de l'Agence française de sécurité sanitaire et des aliments (Afssa). En France, le réseau européen Coloss estime les pertes à environ 30 % entre 2007 et 2008. L'hécatombe dure depuis la fin des années 1990 et excède les traditionnelles pertes hivernales.

Quel mal frappe donc ces insectes pollinisateurs qui contribuent à la survie et à l'évolution de plus de 80 % des espèces végétales ? L'Afssa, qui a rendu en février 2009 un rapport très attendu[1], penche pour un scénario à la Agatha Christie : une quarantaine de suspects, comme dans *Le Crime de l'Orient-Express* ! Une étude américaine de l'université de Pennsylvanie parue en même temps va dans le même sens : aucune cause n'est déterminante, mais beaucoup de facteurs mettent en péril les colonies. Autant dire qu'avec un tel éventail le mystère est loin d'être résolu…

L'Afssa a tenté de dresser la liste de toutes les causes possibles. Parmi les vecteurs de mort : des bactéries, des virus, des parasites, des champignons, mais aussi des agents chimiques tels que les pesticides. C'est à cause de ces derniers que l'alerte a d'ailleurs été donnée et que

---

1. www.afssa.fr/PM9100V301.htm

les autorités ont dû se réveiller. Une coïncidence troublante a alerté certains apiculteurs. Au début des années 2000 sont apparus deux nouveaux insecticides neurotoxiques, l'imidaclopride et le fipronil, plus connus sous leurs noms commerciaux respectifs de Gaucho et Régent. Contrairement à bien d'autres produits, ils ne sont pas épandus sur les champs mais enrobent les graines des tournesols ou de maïs à protéger des ravageurs. Au moment des ensemencements, les apiculteurs constatent les dégâts dans les ruches. Les abeilles ont disparu (rares sont en effet les cas où l'on trouve des cadavres). La production de miel chute ; elle était 20 % plus faible en 2004 qu'en 1996. Devant la mobilisation du secteur, les pouvoirs publics suspendent l'utilisation du Gaucho et du Régent en 2004. Des rapports sont commandés. Les chercheurs découvrent que, contrairement aux indications des fabricants, les molécules actives se retrouvent dans les pollens, les sols et le miel... Pourtant, l'interdiction n'enraye pas complètement l'effondrement des colonies. Et le gouvernement autorise peu après le Cruiser, un pesticide voisin du Gaucho et du Régent, alors que l'Allemagne l'a interdit...

C'est alors qu'en 2009 le rapport de l'Afssa conclut que « les agents chimiques sont une piste mais pas une cause majeure ». Dans nombre de colonies, des virus de toutes sortes ont été trouvés (une douzaine). Le parasite Varroa aussi est un suspect. Certes, pendant des années, les abeilles s'en accommodaient, mais il devient mortel chez des abeilles affaiblies par d'autres motifs. Des champignons, tels *Aspergilus* ou *Ascosphaera*, sont aussi sur la liste. Des bactéries, bien sûr, peuvent causer la mort des insectes. À se demander comment, avec tant d'intrus dans l'organisme, les abeilles existent encore.

Les experts évoquent aussi d'autres pistes surprenantes, telles que les champs électromagnétiques rayonnés par les antennes de relais téléphoniques, qui ont poussé rapidement près des zones cultivées. Il est en effet établi que les abeilles sont dotées de petits cristaux de magnétites susceptibles de les rendre sensibles aux champs magnétiques, et donc de les perturber (lire aussi p. 183 le rôle de la magnétite dans l'orientation des oiseaux). Cependant le rapport de l'Afssa a rejeté cette hypothèse.

Les apiculteurs eux-mêmes sont suspects. Soit ils ne traiteraient pas convenablement les ruches contre la varroase, soit ils utiliseraient des produits non autorisés.

Quant aux fameux pesticides, le rapport reconnaît quelques cas d'intoxication directe, plutôt accidentels. Pour le reste, les quantités retrouvées sont plus faibles que les doses mortelles. En revanche, faute d'études, rien n'est dit sur un éventuel effet « cocktail » de ces agents chimiques. Seuls, ils ne seraient pas mortels, mais combinés lors des différents traitements insecticides, fongicides, herbicides et autres, ils pourraient l'être.

Autant dire que cette belle synthèse et ce scénario n'ont pas satisfait tous les apiculteurs. Ils ont simplement obtenu que des études supplémentaires sur les effets chroniques des pesticides soient conduites et qu'un plan de surveillance soit décrété. En attendant, l'hécatombe continue.

ANGUILLE

Comment rejoint-elle la mer des Sargasses ?

Voilà un animal délicieux et fascinant ! Ce poisson d'eau douce, qui peut mesurer jusqu'à un mètre et demi, a adopté un comportement si complexe qu'on se demande bien comment l'espèce a pu survivre depuis cent millions d'années ! Jugez plutôt.

En mer des Sargasses, au nord des Antilles, naissent des larves qui vont partir les unes vers l'Amérique, les autres vers l'Europe, pour un voyage d'au moins un an et plus de 5 000 kilomètres. Pas mal pour des alevins de dix millimètres de long.

À quelques centaines de kilomètres des côtes, ces larves ont grossi et se transforment en civelles, un animal longiligne et si transparent qu'on pourrait lire le journal au travers ! Ainsi métamorphosés, les poissons s'orientent vers les estuaires des fleuves. Certains s'y établiront, si la nourriture est suffisante ; d'autres continuent le voyage en remontant les cours d'eau. Petit détail : sous l'effet de la lumière, le poisson passe du jaune à l'argenté.

Pendant des années, il restera tapi le jour dans les cours d'eau, les étangs ou les marais, et se nourrira la nuit. Cette existence peut durer une vingtaine d'années, jusqu'à ce que l'envie de se reproduire se manifeste. Les poissons ne sont encore que des adolescents sans sperme ni œufs. C'est alors qu'ils font demi-tour, suivant une mystérieuse injonction : un voyage de 5 000 à 7 000 kilomètres, jusqu'à leur lieu de naissance, en mer des Sargasses, où les mâles féconderont les œufs des femelles. Ce devoir accompli, les anguilles meurent…

Fabuleux, non ?

Malgré toutes ces certitudes, cet étonnant cycle de vie reste pour une large part inexplicable ! Cela agace les chercheurs. Comprendre l'anguille, dont la pêche fait vivre 25 000 personnes en Europe, est pourtant essentiel car le stock a diminué de 90 % depuis les années 1970. Et l'anguille est un bon indicateur de la santé des eaux douces. Que nous cache-t-elle donc ?

Tout d'abord, son lieu de naissance, en mer des Sargasses, est intriguant car aucune anguille argentée n'a jamais été pêchée là-bas ! Mais les plus petites larves ont bien été retrouvées dans cette mer chaude. Et plus on s'en éloigne, plus les larves s'allongent, passant d'une dizaine à une cinquantaine de millimètres. Cette constatation, qui remonte à 1922, a été confirmée depuis.

Autre énigme : comment ces toutes petites larves, dites leptocéphales, arrivent-elles à remonter vers l'Europe ? Se contenteraient-elles de se laisser porter par les courants, ce voyage leur prendrait deux à trois ans, selon les simulations informatiques. Or l'analyse des stries de l'otolithe, un petit os situé dans l'oreille interne, montre que les animaux sont âgés d'un an à leur arrivée. Soit les modèles de transport sont à revoir, soit les larves nagent activement !

Autre question sans réponse : quel facteur déclenche la métamorphose du leptocéphale en civelle au niveau du plateau continental, à quelques centaines de kilomètres des côtes ? Là encore, l'otolithe permet de dater le moment de la métamorphose et le résultat est d'une extrême variabilité. Preuve sans doute que l'animal adapte son comportement à la situation locale pour choisir le meilleur moment de se transformer.

Cette seconde vie de l'anguille suscite d'autres interrogations. Tous les individus, en effet, ne migrent pas dans les rivières ou les étangs. Certains peuvent rester en estuaire pendant des années sans qu'on en comprenne vraiment les raisons.

Mais le plus grand mystère est celui du retour. Les spécialistes ne savent ni combien de temps il dure, ni à quelle profondeur il s'effectue, ni selon quel trajet. On ignore même si les anguilles prennent le temps de se nourrir (on sait qu'elle peuvent jeûner six mois). Une pose de balises Argos sur le dos de quelques spécimens n'a pour l'instant fourni d'informations que sur trente kilomètres après l'estuaire, faute de batteries suffisamment puissantes.

Un projet européen lancé fin 2008, Eeliad[1], tente de remédier à cette lacune. Deux cents poissons ont été équipés d'un système ingénieux qui devrait permettre de suivre leur migration sur un an. Comme ces poissons plongent souvent en profondeur, le signal de la balise ne parvient pas à traverser la nappe d'eau. Les chercheurs ont donc imaginé des balises qui se détachent du corps des poissons pour regagner la surface et envoyer leurs données, récupérées par satellite. La moitié des détecteurs devrait remonter au bout de six mois, l'autre au bout d'un an ; ils livreront une semaine d'enregistrement de la pression et de la température. Si le poisson meurt, la balise remonte aussi toute seule.

Les premiers résultats, cependant, laissent sceptiques. Les plus rapides des anguilles ont parcouru 1 300 kilomètres, mais à ce rythme elles ne peuvent atteindre les Sargasses au printemps. Par ailleurs, elles ne prennent pas la route la plus directe, préférant filer vers les Açores plutôt que vers le grand large. Un dernier élément plonge les chercheurs dans la perplexité : les anguilles adoptent un comportement étrange de va-et-vient entre

1. Le projet Eeliad (jeu de mots sur *eel*, « anguille » en anglais) regroupe douze instituts en Europe (www.eeliad.com). En France, la coordination est assurée par Éric Feunteun du Muséum national d'histoire naturelle.

la surface, la nuit, et les profondeurs (jusqu'à 1 000 mètres !), le jour.

Au terme de cette étude, les chercheurs n'en sauront toujours pas plus sur le sens de l'orientation de l'anguille. Deux hypothèses : elle détecterait les courants marins par rhéotaxie (sens du toucher) ou chemotaxie (signature chimique). Mais dans ce cas, l'anguille devrait progresser dans le sens inverse du Gulf Stream[1] et donc fournir un effort dont peu la croient capable. Autre explication : le magnétisme, comme pour les oiseaux migrateurs (voir p. 183). En effet, la mer des Sargasses, proche du fameux triangle des Bermudes, est connue pour présenter des anomalies magnétiques qui la distinguent d'autres zones. Or de petits cristaux de magnétite, sensibles au champ magnétique, ont été découverts dans le museau de l'animal. Mais rien ne permet pour l'instant de faire un lien entre ces deux indices…

L'anguille file encore entre les doigts des chercheurs.

1. Le Gulf Stream est un courant marin chaud qui part des Antilles vers le Groenland puis redescend le long de l'Europe. Son rôle dans le climat reste… mystérieux (voir p. 161).

ANTIMATIÈRE

Existe-t-il des antimondes ?

Décrire le monde matériel n'est pas si compliqué. Le papier sur lequel ce texte est imprimé est constitué de molécules qui sont elles-mêmes des arrangements d'atomes liés entre eux (la longue liste du tableau périodique des éléments qui décore les salles de classe). Les atomes, telles des poupées russes, sont constitués d'éléments infimes : les électrons, qui gravitent autour d'un noyau fait de protons et de neutrons. Et ce n'est pas fini ! Il existe des particules plus petites encore, contenues dans les protons et neutrons (voir p. 245).

Ce monde de matière a un frère jumeau. Chaque particule compte son antiparticule, son image miroir : même taille, même masse, mais une charge électrique opposée (il faut quand même pouvoir les distinguer[1] !). Attention, les réunions de familles sont explosives. Si un proton rencontre un antiproton, ils s'annihilent immédiatement en produisant de l'énergie. Idem pour les électrons et les antiélectrons[2]…

La découverte théorique de ce nouveau monde est assez récente. En 1928, le physicien britannique Paul Dirac émet l'hypothèse de l'existence de cet antimonde

---

1. Le neutron, bien que n'ayant pas de charge électrique, possède aussi une antiparticule ; sa propriété miroir est appelée « parité ».
2. Cette propriété d'annihilation puis d'émission de rayons gamma est utilisée dans les appareils de tomographie à émission de positons qui permettent de réaliser des images de nos organes.

en se penchant sur les équations de la mécanique quantique décrivant le monde microscopique. L'existence de l'électron induit l'existence de l'antiélectron ; celle du proton, d'un antiproton... Quelques années plus tard (1932 pour l'antiélectron ; 1955 pour l'antiproton), l'existence de ces particules est avérée.

Cependant, tout n'est pas si beau dans le meilleur des antimondes possible. Assez vite, se pose même un problème majeur, toujours pas résolu : où est passée l'antimatière dans notre univers ? Où que l'on cherche, sur Terre ou dans l'espace, on ne trouve que de la matière, des particules seules, mais non leurs antiparticules (sauf celles produites dans les accélérateurs de particules ou par la chute des rayons cosmiques, voir p. 219) ! L'antimatière semble avoir disparu... et si tel n'était pas le cas, nous ne serions pas là pour en parler, la rencontre des deux mondes étant terriblement destructrice. Mais comprendre l'antimatière est primordial : cela revient à comprendre pourquoi nous sommes de miraculeux survivants du Big Bang, pourquoi nous sommes là !

Évidemment, ce raisonnement anthropique[1] n'est pas satisfaisant. De deux choses l'une : soit le Big Bang a vu la victoire d'un monde sur l'autre ; soit les deux sœurs ennemies se sont partagé l'univers et il y aurait alors dans notre environnement des antiétoiles, des antiplanètes, des antigalaxies... toutes proches de nous.

D'intenses recherches visent à confirmer ou infirmer ces deux hypothèses. D'une part, les physiciens traquent d'infimes différences entre particule et antiparticule pour comprendre ce qui a entraîné la suprématie de l'une sur l'autre. D'autre part, ils scrutent l'univers pour trouver des traces de l'existence des antimondes.

---

1. Raisonnement qui vise à justifier les propriétés physiques de notre monde par le fait que nous soyons justement là pour les constater.

Les premières recherches sont plus avancées que les secondes. Dès les années 1960, les scientifiques ont démenti la théorie simple qui voulait que particule et antiparticule soient identiques, au détail près de leur charge électrique. En réalité, il y a d'autres différences. Ainsi, le kaon ne meurt pas en se désintégrant à la même vitesse que l'antikaon, son jumeau. Et c'est le cas de beaucoup de particules. Problème : ces infimes différences ne permettent pas d'expliquer la disparition totale de l'antimatière… Mais la quête d'autres signes distinctifs continue grâce aux accélérateurs[1].

Plus fascinant encore : certains physiciens se demandent si l'antimatière « tombe » vers le haut ou vers le bas ! En d'autres termes, la force de gravitation mise au jour par Newton (soi-disant grâce à son observation des pommes tombant de l'arbre) agit-elle de la même façon sur une pomme que sur une antipomme ? L'expérience est complexe, mais elle est en cours. Il faut tout d'abord produire ces antipommes. En 1995, le Cern a élaboré des antihydrogènes. Ce sont des molécules très basiques : un antiélectron tourne autour d'un antiproton. Hélas, ce petit monde est très agité, rendant impossible toute mesure. Il faut donc ralentir ces particules et les piéger, pour pouvoir ensuite les placer sous les « yeux » des physiciens. C'est l'objectif du projet Atrap, toujours au Cern. Pour l'instant, les chercheurs ont presque réussi à piéger quelques antihydrogènes. Restera alors à établir finement les différences avec l'hydrogène[2].

On va bientôt en savoir plus sur la théorie des antimondes, car la station spatiale internationale, située à

1. Les accélérateurs principaux se trouvent aux États-Unis (le SLAC), au Japon (le KEK) ou en Europe, au Cern, à la frontière franco-suisse (le LHC).

2. En fait un rayon laser vient exciter l'antihydrogène pour voir s'il réagit comme l'hydrogène, dont on connaît très précisément les réactions. La chute libre d'un antihydrogène n'est pas réellement prévue…

quelque 500 kilomètres au-dessus de nos têtes, va accueillir un nouvel instrument, AMS, d'ici à 2011. Pour cela, il faut évidemment qu'elle ne tombe pas en panne, que des navettes viennent lui rendre visite et qu'il reste des mécènes pour la financer. Cette expérience (une collaboration internationale menée au Cern) aura pour but de déterminer s'il existe ou non des antigalaxies. Il s'agira de collecter des antinoyaux d'hélium, un atome très léger. En théorie, il n'est pas impossible que les deux mondes coexistent. D'ailleurs, lorsqu'un matériau comme le fer perd son aimantation à haute température, ce sont en quelque sorte deux mondes qui se forment. Au fur et à mesure de l'augmentation de température coexistent au niveau microscopique des zones voisines orientées au nord et d'autres au sud. En moyenne, aucune direction n'est privilégiée ; l'aimantation est perdue. Se peut-il que notre univers abrite ou ait connu de tels phénomènes ?

En attendant de savoir où est passée l'antimatière, on peut toujours en créer et espérer fabriquer un combustible fantastique permettant d'aller explorer la Voie lactée. Efficace en théorie, cette pratique est irréalisable : la totalité de l'antimatière fabriquée par les chercheurs depuis un demi-siècle (à supposer qu'elle ait pu être conservée) arriverait à peine à faire briller une ampoule pendant quelques minutes…

ATLANTIDE

Où se trouve la fameuse cité antique ?

Preuve que le mythe de l'Atlantide fascine toujours autant : en février 2009, quelques semaines après le lancement par Google d'un nouveau logiciel d'exploration des océans, un amateur déclare avoir retrouvé la trace de la mystérieuse cité au large de l'Afrique de l'Ouest.

Sur le cliché des fonds océaniques, de troublantes lignes régulières évoquent en effet une géométrie non naturelle… Hélas ! tout ceci n'est qu'une illusion liée aux imparfaites techniques de mesures des fonds marins.

Ouf ! on l'a échappé belle… le mystère demeure. Mais en quoi cette question est-elle scientifique ? N'a-t-on pas tout simplement affaire à de la para-archéologie, sans objet dans un tel ouvrage ? Ne s'agit-il pas d'un mythe, plutôt que d'une énigme non résolue ? Personne ne croit vraiment en l'existence d'une civilisation née il y a 11 600 ans, bien avant les Égyptiens, les Mycéniens ou les Grecs… C'est d'ailleurs à ces derniers que Platon, le philosophe à l'origine du mythe, compare les Atlantes. Dans ses deux ouvrages, le *Timée* et le *Critias* (400 av. J.-C.), il met au jour les différences entre une civilisation avancée, puissante mais pervertie, et l'Athènes de son époque, moins « évoluée » mais plus vertueuse. *A priori* l'auteur élabore donc une pure fiction philosophique, afin de disserter sur ce que serait une cité idéale.

Mais Platon écrit aussi qu'« en un seul jour et une seule nuit […] l'île Atlantide s'enfonça dans la mer ». Ce détail aurait-il quelque réalité historique, contrairement aux digressions sur les habitants de l'île ? Le récit de ce cataclysme aurait alors été transmis oralement pendant près de 10 000 ans, jusqu'à ce que le philosophe s'en fasse l'écho. Dans ce cas, cela vaut donc la peine de chercher…

Les successeurs de Platon ne s'en sont pas privés. Cinquante mille ouvrages évoqueraient le mythe. Des romans, des bandes dessinées, des films s'en sont inspirés. Surtout, des chercheurs professionnels ou amateurs ont échafaudé des hypothèses. En 2005, un article de *Sciences et Avenir* en a recensé plus d'une douzaine.

Mais où se cacherait l'Atlantide ? Si l'on se réfère au texte original de Platon, l'île engloutie se trouverait à l'ouest des colonnes d'Hercule, donc dans le bassin méditerranéen. D'office, cette information exclut toutes les Atlantides « recensées » en Amérique du Sud (Amazonie, Haïti, Nicaragua, Mexique) ou en Asie (Ceylan). Gibraltar, la Sardaigne, Chypre ou Santorin : autant de suppositions…

Santorin est une île volcanique grecque dont l'anéantissement, assez cataclysmique, ne peut être celui auquel Platon fait allusion. L'éruption remonterait seulement à 1 600 av. J.-C., donc bien après la disparition de l'Atlantide. En revanche, l'événement pourrait bien avoir quelque rapport avec le Déluge et la fuite des Hébreux…

L'hypothèse chypriote est le fait d'un architecte américain qui, en 2004, fait une curieuse découverte : à mi-chemin entre Chypre et la Syrie, par 1 500 mètres de profondeur, subsistent de longs murs de deux à trois kilomètres de long. Deux ans plus tard, des géologues déclarent que ces constructions sont d'origine volcanique.

Selon un journaliste italien, l'Atlantide pourrait se trouver près de la Sardaigne ; il s'appuie sur la description faite par Platon de la position des colonnes d'Hercule présentes sur l'île. Cependant, de nombreux spécialistes penchent plutôt pour le détroit de Gibraltar.

C'est justement à l'ouest de ce détroit qu'un géologue français, Jacques Collina-Girard[1], pense avoir découvert une terre engloutie sous une centaine de mètres d'eau. En 2001, il a présenté son travail à l'Académie des sciences, avant de recevoir une « confirmation » géologique de son hypothèse grâce aux recherches menées par des équipes indépendantes. En 2009, il a résumé cette aventure dans un livre passionnant, qui mêle littérature et science dure (géologie, climatologie, archéologie…). Disons-le d'emblée : il avance la possibilité d'une île, pour reprendre le titre d'un livre de Michel Houellebecq, non d'une civilisation avancée. Son argumentation est construite à partir de preuves géologiques, non pas archéologiques. Aucune poterie, tablette d'écriture ou statue, à se mettre sous la dent. Seulement des relevés de niveaux de la mer et des clichés sous-marins. En réalité, le géologue a trouvé un haut-fond, appelé banc Spartel ou Majuan, à vingt kilomètres au large de Tanger, et donc à quelques kilomètres de l'actuel détroit de Gibraltar. Mais, il y a plus de 12 000 ans, cette zone ne ressemblait guère à ce qu'elle est aujourd'hui. Notre planète sortait d'un âge glaciaire et le niveau de la mer était plus bas de 135 mètres. À l'époque évoquée par Platon, plusieurs événements géologiques majeurs avaient eu lieu et causé la disparition de l'île : deux « débâcles » glaciaires[2] et un tremblement de terre doublé d'un tsunami.

Finalement, le lieu et les dates coïncident, la présence d'hommes est fort probable. L'Atlantide a-t-elle donc existé ? Pas sûr. D'une part, le banc Spartel (une douzaine de kilomètres de long sur quatre de large) paraît bien moins vaste que le territoire décrit par Platon : « Une terre aussi étendue que la Libye et l'Asie. » D'autre part,

---

1. *L'Atlantide retrouvée ?*, Belin, 2009.
2. Brutale montée des eaux résultant du « largage » des eaux d'un lac retenues par un glacier.

en l'absence d'écriture, comment le souvenir de cet événement d'importance moyenne aurait-t-il pu se transmettre de manière strictement orale pendant plus de 10 000 ans ? Jacques Collina-Girard reconnaît que c'est difficile à admettre, mais il donne quelques exemples d'événements dont la mémoire s'est gardée par transmission orale intergénérationnelle : chutes de météorites, éruptions volcaniques, tremblements de terre, hivers rigoureux… Alors pourquoi pas la disparition de l'Atlantide ?

De surcroît, selon le géologue, les éventuels hommes présents sur l'île étaient certainement des chasseurs-cueilleurs en voie de sédentarisation à la sortie du paléolithique, comme sur les rivages voisins d'Afrique et d'Espagne. Autrement dit… pas de quoi renverser une cité athénienne.

BACTÉRIES

Comment la vie peut-elle exister à plus de 100 °C ?

Sur notre planète, l'enfer existe. Il est même habité. Point de Cérbère, Charon ou autre Styx, mais des organismes tout ce qu'il y a de plus vivant s'épanouissant à plus de 100 °C, sous terre, sous l'eau, sous de fortes pressions, ou encore dans des milieux extrêmement acides. Certains résistent même aux irradiations ! Toute la question est de comprendre pourquoi la forme de ces petits tas de matière organique reste inchangée, contrairement à l'œuf cru qui, dans la poêle, devient œuf au plat, délicieux et rigide ou immangeable et carbonisé ! Derrière cette question fondamentale s'en profilent d'autres, tout aussi passionnantes : l'homme ne pourrait-il pas exploiter à son profit quelques-uns de ces mystères microbiens, en matière de santé ou de biotechnologie ? Au fond, d'où viennent ces bactéries ? Sont-elles nos ancêtres, ou bien d'intrépides conquérantes de l'impossible qui auraient colonisé ces environnements hostiles ? Où les placer dans l'arbre du vivant ?

La découverte de ces organismes particulièrement résistants remonte à 1964, lorsque le microbiologiste américain Thomas Brock décide de passer des vacances studieuses dans le parc de Yellowstone, qui abrite un gigantesque volcan toujours en activité. Dans les échantillons qu'il prélève, la vie foisonne, même à de hautes températures. Sa première capture, *Thermoplasma acidophilium*, se multiplie encore à 60 °C (et dans un milieu acide extrême). Thomas Brock découvre ensuite *Thermus aquaticus*, qui s'épanouit à 78 °C, et *Sulfolobus acidocaldarius* à 85 °C[1]. Des Allemands, Wolfram Zillig et Karl Setter, prennent le relais dans les années 1980 et explorent d'autres régions : la Solfatara près de Naples, l'île Volcano au large de la Sicile, ou encore l'Islande. Ils en rapportent *Sulfolobus solfataricus*, qui peut vivre jusqu'à 87 °C, *Thermoproteus* à 97 °C ou *Pyrococus furiosus* et *Pyrococus occultum*, qui respectivement survivent à 103 et 110 °C. En 1982, c'est la stupéfaction : une équipe concurrente annonce une survie record à 250 °C (et à haute pression car l'eau doit rester liquide…). Hélas ! les auteurs avaient pris des vessies pour des lanternes : l'ADN qu'ils avaient « vu » était un agrégat de matières organiques réagissant positivement à un test biologique… En 2003, l'annonce de l'existence d'une bactérie résistant jusqu'à 121 °C ne sera pas confirmée. Finalement, le record appartient aujourd'hui à *Pyrolobus fumarii*, découverte en 1993 au fond de l'océan, qui continue sa multiplication à 113 °C.

Cette quête n'a pas été motivée par la volonté de battre de nouveaux records. Elle est plutôt la conséquence d'un constat : certaines de ces bactéries n'en sont pas vraiment. En 1977, Carl Woese a découvert l'existence d'une nouvelle

---

1. Ces recherches ont permis une petite révolution biotechnologique avec la PCR (pour Polymerase Chain Reaction), une sorte de photocopieur à ADN. L'idée consiste à répliquer un brin d'ADN en ajoutant une enzyme *ad hoc* et en faisant subir au mélange des cycles de température, alternant « chaud » et « froid ». La variation de température permet d'ouvrir et de fermer la double hélice afin de favoriser l'action de l'enzyme… Tout le problème était de trouver une enzyme résistant à 90 °C afin de réaliser des cycles ininterrompus. Cela a été possible grâce à une molécule présente chez *Thermus aquaticus*. Un brevet a même été déposé. Aujourd'hui, la méthode est utilisée dans tous les laboratoires, y compris ceux de la police lorsqu'il s'agit de traquer les fameuses empreintes ADN.

espèce en comparant lesdits organismes à des bactéries et à des eucaryotes[1] et en démontrant qu'ils n'appartenaient ni à l'une ni à l'autre. Le chercheur a baptisé les nouvelles venues « archébactéries » (littéralement « vieilles bactéries »), ou plus simplement « archées ». Cette appellation est restée, bien qu'il ne soit pas établi que ces bactéries aient effectivement précédé les bactéries « traditionnelles »...

Mais comment expliquer leur étonnante faculté de résistance ? Une cellule est en effet très fragile : sa paroi (ou membrane), ses protéines et son ADN sont autant de molécules qui n'aiment généralement pas la chaleur. Le scénario est implacable : chauffer une liaison chimique à haute température casse les liens entre les atomes et aboutit à leur carbonisation. C'est l'œuf sur le plat trop cuit ou, en termes savants, la thermodégradation. Si on les chauffe moins violemment, les molécules sont seulement dénaturées, comme l'œuf au plat qui passe du transparent au blanc. Tout cela est le résultat du dépliement des protéines, de longs fils habituellement enroulés sur eux-mêmes et dont la structure spatiale est tenue par de minces liens chimiques (plus faibles que les liens internes qui font le squelette). La température casse ces liens et la protéine perd sa fonction.

Plusieurs stratégies ont été mises au jour, qui permettent aux hyperthermophiles d'échapper à ce sort.

Pour les protéines, le stress thermique déclenche la fabrication de petites protéines dites « chaperones », lesquelles se fixent sur certaines parties de leurs congénères pour les protéger de la dénaturation. Si cela ne suffit pas, les protéines sont capables de se renforcer par un effet de

1. Les bactéries sont composées de cellules sans noyau. Elles sont dites « procaryotes ». Les « eucaryotes » sont des organismes dont les cellules possèdent un noyau dans lequel l'ADN, support des gènes, est répliqué. Les cellules humaines sont eucaryotes.

cage électrostatique. Contrairement à leurs consœurs du monde tempéré, elles s'arrangent pour mobiliser des charges positives et des charges négatives à leur surface, lesquelles s'attirent et renforcent l'ensemble de l'organisme.

Les membranes des cellules sont également composées de molécules aux liaisons fragiles. Afin de résister à la chaleur et de fabriquer des parois, les extrêmophiles utilisent des briques d'une nature particulière, différentes de celles de leurs homologues tempérées. Dans le monde « classique », les membranes sont constituées d'une double paroi dont les molecules se positionnent tête-bêche. Dans l'univers des archées, une seule paroi, faite d'une seule molécule, possède donc deux têtes. L'ensemble est finalement plus robuste que l'échafaudage fragile composé de deux parois.

L'autre talon d'Achille de la cellule est son cœur, son ADN, sans lequel il n'y aurait pas de reproduction de l'organisme. Là, les biochimistes ne comprennent pas encore tout à fait comment ces archées se débrouillent. En 1984, ils pensaient avoir trouvé la clé du mystère : une enzyme très particulière, présente chez toutes les archées, la *reverse gyrase*. Son nom barbare traduit une réalité : cette molécule parvient à faire faire des tours à la double hélice d'ADN. Pas des tours de manège pour le plaisir, plutôt un emmêlement de fils de téléphone, une activité à laquelle les casse-pieds s'adonnaient du temps des combinés filaires et qui provoquait souvent la chute de l'appareil quand on le décrochait… Dans la cellule, l'ADN est généralement en pelote, un peu comme le fil d'un téléphone.

Sous l'action de la chaleur, ces nœuds se défont. Pis, les deux brins enroulés se séparent totalement, rendant impossible l'activation de toute la machine de réplication. Un mécanisme doit donc empêcher cette ouverture. La *reverse gyrase* remplit cette fonction. Cependant, il existe des cas où son action ne semble pas nécessaire. Un mutant de *Thermococcus kodokoarensis*, privé de *reverse gyrase*, se multiplie malgré tout au-delà de 60 °C. Même aux alentours des 90 °C il se porte bien, même s'il est moins vigoureux. Au-delà, il meurt ; sans mutation, il aurait survécu.

En 2004, le mystère s'est épaissi après que des chercheurs britanniques ont constaté que cette enzyme avait une action réparatrice sur l'ADN, sans qu'il soit besoin de faire des tours... D'autres études ont confirmé ce rôle encore incompris de la *reverse gyrase* dans la stabilisation du génome. Si elle n'est pas une couverture de survie pour résister aux hautes températures, cette molécule pourrait se révéler prometteuse et ouvrir d'importantes perspectives d'exploration aux chercheurs.

L'étude de cette enzyme permettra peut-être de répondre à une autre question : la vie aurait-elle commencé en enfer ? Autrement dit, nos ancêtres seraient-ils thermophiles ?

Les premiers balbutiements chimiques de la vie et les stades qui les ont suivis sont l'objet de polémiques et d'hypothèses diverses (voir p. 275). Quelque temps après la découverte des archées, des analyses génétiques ont semblé accréditer la thèse d'un ancêtre hyperthermophile commun à tous les êtres vivants. En 1996, les chercheurs sont même arrivés à cette conclusion à l'issue d'un colloque. À cette époque, seul Patrick Forterre, de l'université d'Orsay, fait entendre un autre son de cloche, comme il le raconte dans son livre *Microbes de l'enfer*. Depuis, il a développé, avec son équipe, d'autres arguments, notamment grâce à l'étude de la *reverse gyrase*. Cette molécule est en fait une sorte de chimère, c'est-à-dire un composé de deux molécules bien distinctes mais imbriquées l'une dans l'autre. Or, cet assemblage complexe, qui permet la vie à haute température, ne peut avoir été développé par un ancêtre commun à tous les êtres vivants. Il est le fruit d'une évolution plus tardive. En outre, ce fameux ancêtre, privé d'un système efficace de défense, n'aurait pu survivre à haute température. Et donc la vie ne serait pas née en enfer ! Les archées seraient donc une branche ayant colonisé les milieux hostiles en s'adaptant ; elles ne seraient en aucun cas les descendantes d'une lignée habituée aux hautes températures. Cela dit, les incertitudes qui persistent autour de la *reverse gyrase* laissent toute latitude aux tenants de l'enfer. Les cerbères mordent encore.

BAISER

Pourquoi embrasse-t-on sur la bouche ?

Quand deux bouches amoureuses se rapprochent, il s'en passe des choses ! Le pouls s'accélère, la tension augmente. Les pupilles se dilatent. Les salives et les odeurs se mêlent. Le cerveau se « déconnecte ». Des hormones sont produites ou inhibées… Quelle richesse émotionnelle ! Il en devient même ardu de comprendre pourquoi 90 % des humains adoptent ce geste tendre. Répondre « pour le plaisir » n'est évidemment pas satisfaisant pour un scientifique.

L'homme étant un animal presque comme les autres, les éthologues avancent que le baiser serait l'héritier direct du geste maternel de la tétée, mais également de l'alimentation par la bouche. Les guenons et les chimpanzés nourrissent ainsi leurs petits. Petit à petit, au cours de l'évolution, ce geste salvateur et nourricier se serait transformé en contact confortable, amical, puis finalement amoureux.

D'aucuns envisagent un héritage quasi génétique. Nos plus proches cousins, les bonobos, sont en effet connus pour être les rares animaux à s'embrasser avec la langue…

Vilayanur Ramachandran, de l'université de Californie, penche aussi pour des origines anciennes, mais pour lui, c'est l'attirance de nos ancêtres pour les fruits rouges qui se serait mue en passion pour les lèvres rouges et charnues de nos congénères. À moins que ce ne soit l'inverse ?

Les chimistes, quant à eux, cherchent plutôt des causes moléculaires à l'osculation (le nom savant pour les bisous). Selon eux, la salive et l'haleine (il n'y a pas que les lèvres qui se rapprochent !) véhiculent un flot d'hormones, de bactéries et d'autres produits chimiques qui seraient autant de signaux attractifs ou répulsifs. De ce contact, les partenaires déduiraient alors si le baiser sera le dernier ou s'il pourra se prolonger dans une relation plus longue. Des études ont également montré que le baiser pouvait permettre à l'homme de « sentir » à quelle période de son cycle menstruel se trouve la femme. Lorsque les sécrétions d'œstrogène diminuent loin des périodes de fertilité, le corps émet dans l'haleine des composés sulfurés à l'odeur désagréable...

Cette chimie de l'amour ouvre la voie à un autre mystère : les humains sont-ils sensibles aux phéromones ? Chez les insectes, ces molécules sont connues pour être de puissants indicateurs chimiques permettant de signaler un danger, un chemin, ou tout simplement attirer un partenaire. L'être humain produirait des phéromones, tel l'androsténol présent dans la transpiration masculine, ou la copuline chez la femme, dont le seul nom suffit à faire deviner la fonction. Problème : personne n'a encore pu démontrer comment l'homme détecte ces molécules ! En tout cas, l'organe dit « voméronasal », qui existe chez le cochon par exemple, ne fonctionne pas chez l'humain... Cette absence de preuves n'empêche pas les fabricants d'élixirs et de filtres d'amour de garnir leurs flacons de phéromones.

Autre énigme : pourquoi nos lèvres sont-elles l'une des parties de notre corps les plus reliées au cerveau ? Avec les extrémités des doigts, elles concentrent en effet le plus de terminaisons nerveuses. Pour l'instant, une seule zone cérébrale a été identifiée, liée au... plaisir ! C'est la moindre des choses. Les IRM ne permettant pas vraiment de s'embrasser confortablement, des chercheurs, telle

Helen Fisher de l'université Rutgers, se sont contentés d'observer le cerveau des personnes regardant des photographies de leur partenaire. Les zones actives du cerveau commanderaient la libération de la dopamine, une molécule associée au plaisir. Mais il pourrait y avoir d'autres régions stimulées.

Sans pouvoir identifier la zone du cerveau concernée, des psychologues et biologistes ont également constaté des émissions et inhibitions d'hormones, comme le cortisol ou l'ocytocine. La première est plutôt une hormone du stress dont la concentration a tendance à baisser après un baiser (ouf !), mais aussi après s'être pris par la main. La seconde favorise le lien social. Curieusement, après un baiser, elle augmente chez les hommes, mais baisse chez la femme. Comme le rappelle Chip Walter dans *Cerveau et Psycho* de mai-juin 2008, les femmes auraient besoin de plus qu'un baiser pour s'engager.

Se bécoter est donc plus compliqué qu'il n'y paraît. En 2007, des psychologues ont tenté une audacieuse synthèse en sondant près de mille jeunes de 18 à 24 ans. Ils ne leur ont pas directement demandé pourquoi ils embrassent leur partenaire, mais plutôt s'ils pourraient avoir une relation sexuelle avec quelqu'un sans l'avoir auparavant embrassé sur les lèvres, s'ils s'embrassent pendant le coït, s'ils aiment bien les baisers mouillés, avec ou sans la langue... S'ils prêtent attention à l'haleine, aux dents... De toutes ces questions, les auteurs ont dégagé des conclusions pas plus définitives que celles de leurs confrères chimistes, généticiens, neurologues... Seul constat clair : sur le millier d'enquêtés, seuls cinq jeunes n'ont jamais donné de baiser et près de 70 % d'entre eux ont embrassé plus de six personnes. Ce mystérieux phénomène est donc massif !

Pour le reste, c'est plus compliqué. Les femmes semblent voir dans le baiser une manière d'évaluer leur compagnon (dans le but de se reproduire) : est-il en

Bibliothèque - 13 - Départementale -

bonne santé ? Est-il génétiquement intéressant ? Évidemment, un simple sondage ne permet pas aux chercheurs de comprendre tous les mécanismes qui président au baiser. Ils en sont réduits à invoquer les études précitées pour valider leurs résultats. Ainsi les femmes, plus que les hommes, préfèrent embrasser avant d'avoir un rapport sexuel. Elles font aussi plus attention aux dents et à l'haleine. Une manière de « tester » le partenaire. Les hommes marquent plus d'intérêt pour les baisers avec la langue, preuve, selon les chercheurs, qu'ils sont en quête d'informations sur leur partenaire, mais que leur sens sont moins développés. D'où le recours à cette investigation plus poussée.

En revanche, les deux sexes s'entendent sur un point : le baiser est un bon moyen d'établir et de consolider des liens. Après l'amour, ils ont plus envie d'embrasser un partenaire de « long terme » qu'une passade d'un jour, et cela leur procure une sensation plus vive. Cependant, bien embrasser n'est pas suffisant pour poursuivre une liaison. Les auteurs exposent eux-mêmes les limites de leurs conclusions. Leurs résultats ne portent que sur des jeunes, aucunement sur des adultes en couple avec enfants ou des personnes âgées. Nul doute que, pour ces populations, le baiser pourrait remplir d'autres fonctions.

Pour ne rien arranger, un dernier mystère est venu récemment rendre plus épineuse encore la question de l'utilité du baiser. D'après une étude de l'université de Bochum (Allemagne) parue en 2003, un amoureux incline plus souvent la tête vers la droite que vers la gauche ! Mais pourquoi ? Certes la population est majoritairement droitière (voir aussi p. 103), mais quel rapport entre la main et les lèvres ? Première hypothèse avancée : les mères prennent plus souvent les enfants dans leur bras droit, donnant la tétée avec le sein gauche. Le nouveau-né s'alimenterait au sein maternel en tournant la tête vers la droite. De même que nous aurions gardé de bons souvenirs de ces moments, nous aurions aussi gardé une préférence pour l'inclinaison vers la droite. Mais pourquoi les mères prennent-elles les bébés de cette manière… ?

Autre hypothèse : quand nous embrassons par la droite, seul notre œil gauche (s'il n'est pas fermé !) voit le partenaire. L'information est donc traitée par une aire cérébrale située à droite (eh oui, le cerveau fait des nœuds !). Et c'est justement le côté droit du cerveau qui traite les émotions. Hélas ! une équipe irlandaise a montré que l'asymétrie du baiser était aussi observée lorsque des cobayes embrassent… des poupées. Pas sûr que les participants y mettent beaucoup de passion. En 2009, l'équipe qui avait soulevé ce problème a récidivé et expliqué que le penchant droitier était déjà présent dans le ventre de la mère ! Et ce penchant impliquerait les autres préférences, comme le choix de la main pour écrire ou de l'œil préféré pour viser…

Heureusement, lorsque nous nous embrassons, le cerveau semble se mettre en veille, diminuant nos capacités de raisonnement ! Ce simple geste pose décidément bien trop de questions.

BASQUE

D'où vient cette langue ?

Nongoa zara[1] ? Qu'est-ce que cela signifie ? Si vous le savez, c'est que vous êtes bascophone. Vous appartenez à un groupe linguistique comprenant 500 000 à 1 million d'individus. Sinon, vous venez de vous heurter à ce que la légende a baptisé la « langue du diable ». En France, moins de 100 000 personnes parlent encore le basque, dans une zone géographique bordée par les Pyrénées au sud, l'océan Atlantique à l'ouest et l'Adour au nord.

Mais quelle est son origine ? Malgré les explications linguistiques, archéologiques et génétiques, le doute demeure. Les noms basques, comme les noms d'oiseaux, ont même régulièrement alimenté la polémique.

Le latin n'a pas manqué d'influencer le basque, mais cette racine (comme en témoigne la première phrase) n'explique ni la grammaire, ni le vocabulaire si particuliers de l'euskara.

Pourquoi alors ne pas rapprocher cette langue de l'ibère voisin ? La tentative a fait long feu, puisque l'ibère reste encore plus hermétique à la compréhension que le basque.

En allant chercher plus au sud, des linguistes ont évoqué l'hypothèse berbère. L'ordre des mots est en effet le même (plutôt sujet complément verbe) et il existe un tutoiement distinct pour le masculin et le féminin. Mais les

1. « D'où êtes-vous ? »

ressemblances s'arrêtent là et une telle hypothèse conduirait aussi à apparenter l'ibère et le basque ; or c'est exclu, nous l'avons vu.

Le débat remonte ; nous prenons la direction du nord et surtout de l'est. Dans le Caucase. Là encore, des similitudes linguistiques fortes existent. Le verbe conjugué ne dépend pas que du sujet, mais aussi du complément. Il existe une déclinaison spéciale, appelée « ergatif », commune aux langues caucasienne et basque. Mais les langues caucasiennes ne sont pas si homogènes ; il y a des ressemblances, mais aussi des différences. Par ailleurs, les historiens n'ont trouvé aucune trace de contact entre les populations basque et caucasienne.

Enfin, une dernière hypothèse est encore plus troublante, tant sur le plan géographique qu'historique. Elle apparente l'euskara à un groupe de langues dit « déné-tibétain », qui comprendrait des langues caucasienne, tibétaine mais aussi indiennes (navajo et apache) ou sibérienne. Quelques correspondances ont été établies, mais les opposants à cette idée les rejettent, les attribuant au hasard. Dans les années 1990, le débat entre adversaires et partisans de cette nouvelle piste a été houleux. L'hypothèse implique en effet l'existence d'une langue mère, à partir de laquelle des branches indépendantes se seraient formées. Or cette idée est loin de faire l'unanimité, y compris chez les linguistes.

Néanmoins, les apports récents de la génétique des populations ont accrédité la thèse d'une affinité entre le basque et certaines langues parlées dans des contrées lointaines. La population basque présente des caractéristiques particulières, assez uniques ; elle compte en son sein 50 % d'individus de rhésus O et beaucoup plus de rhésus négatifs que les autres peuples. Une méthode, basée sur la génétique, a permis de remonter le temps et d'estimer l'apparition de cette population homogène à 35 000 ou 40 000 ans ! Autant dire à la préhistoire. Les linguistes et les historiens en perdent leur basque. Mieux encore : selon les généticiens, cette population originale serait venue d'Anatolie et/ou du nord de la mer Noire… D'où l'appartenance au groupe déné-tibétain. Isolés, les premiers hommes basques auraient alors développé leur propre langue, qu'ils auraient su préserver des influences périphériques. Bien loin de clore le débat, ces allégations renvoient les origines de ce peuple à des temps si immémoriaux qu'il devient presque vain de continuer de s'intéresser au problème !

Déjà complexe, la question basque s'est encore envenimée avec le délicat problème de l'écriture. En 2006, sur un site espagnol de fouilles archéologiques visant à exhumer des objets du IIIe au Ve siècle, des poteries ont été découvertes avec des inscriptions en basque. Ces dernières sont donc antérieures de six cents ans aux précédentes traces mises au jour (des notes de traduction datant du XIe siècle retrouvées dans un monastère à La Rioja en Espagne). Hélas, en fin d'année 2008, d'autres archéologues ont conclu que ce basque était trop moderne pour être vrai !

La question des origines, tant orales qu'écrites, reste donc ouverte. Et celle de l'avenir du basque également, tout au moins du côté français. *Aldi luzeak, guztia ahaztu*[1].

---

1. Avec le temps, tout s'oublie.

BIG-BANG

Qu'y avait-il avant ?

Les spécialistes de cosmologie ont un avantage sur les historiens : ils peuvent remonter le fil du temps bien plus loin et bien plus sûrement qu'eux. Il leur suffit de regarder loin dans leurs télescopes[1] ou de faire évoluer leurs équations en renversant le temps pour rembobiner le film de l'univers. En accéléré, voilà ce que raconte ce voyage dans le temps : il y a environ 4,5 milliards d'années, naissent la Terre et ses voisines gravitant autour du Soleil. Il y a moins de 10 milliards d'années, c'est notre galaxie. Un saut d'encore quelques millions d'années et une lumière aveuglante créée par la naissance des toutes premières étoiles jaillit. Soudain, plus rien : la lumière s'éteint. Il ne reste qu'un gaz froid et sombre. Pendant une centaine de millions d'années, rien à signaler. Puis à quelque 380 000 ans de la fin de ce voyage à l'envers, à nouveau un rayonnement intense surgit : ce sont les premiers photons libérés de la matière (voir p. 261). Depuis cette remontée dans le temps, l'air de rien, l'univers n'a cessé de rétrécir et sa température de monter. Cette dernière dépasse désormais le million de degrés. Seuls des électrons, des protons et des neutrons sont présents.

---

1. La lumière, qui apporte les informations sur les objets célestes, a une vitesse finie. Ce que nous voyons dans le ciel n'est donc pas l'objet à l'instant où nous le regardons, mais l'objet tel qu'il était plus « jeune ». L'écart entre ces deux moments correspond au temps mis par la lumière pour effectuer son trajet jusqu'à nous.

L'exploration à rebours continue et la température atteint maintenant le milliard de degrés. Elle grimpe encore, dépassant l'imaginable. Sur Terre, les accélérateurs de particules peuvent tenter de reproduire ces instants où la température est excessivement élevée et la densité de matière incroyable.

Le voyage se poursuit. L'espace se rétrécit encore, la matière se concentre toujours plus, la température est extrême. Bang ! Le voyage prend fin brutalement : sur les écrans de contrôle, les aiguilles s'affolent, les commandes ne répondent plus. Plus concrètement, les équations fournissent des résultats infinis. L'espace a une dimension nulle, une température et une quantité de matière infinie. C'est l'instant zéro, le moment où tout a commencé.

En 1949, l'astrophysicien américain Fred Hoyle l'a baptisé « Big Bang » par dérision. Notre univers serait donc né d'un bogue informatique, une incongruité mathématique ? C'est difficile à admettre. Alors, outre l'analyse de quelques épisodes mystérieux rencontrés lors de l'étude de ce voyage, les physiciens se sont lancés dans la compréhension de cet instant étrange, scientifiquement appelé « singularité ». Et ils ont découvert que le Big Bang n'était pas l'instant zéro, mais qu'il n'était peut-être qu'un passage. Avant lui, il y aurait eu autre chose…

Cette audacieuse conclusion était en fait nécessaire. L'histoire de l'univers ainsi résumée ne prenait essentiellement en compte qu'une des grandes lois de la physique, la relativité générale d'Albert Einstein. C'est-à-dire une loi expliquant le comportement des objets à grande échelle sous l'effet de la force de gravitation ; la même qui maintient la Lune en orbite autour de la Terre. Mais plus la matière se concentre, plus les particules se rapprochent ; plus l'univers ressemble à un gros atome complexe et plus il faut s'en remettre à l'autre grande loi de l'univers : la mécanique quantique, c'est-à-dire les équations qui régissent le monde de l'infiniment petit, celui des particules. Au moment du Big

Bang, ces deux lois, gravitation et mécanique quantique, se font face. Problème : pour l'instant, aucun physicien ne sait les marier (voir p. 245). La singularité initiale marque aussi la frontière de nos connaissances.

L'imagination est donc à l'œuvre. Deux grandes théories sont aujourd'hui en lice, dans lesquelles le temps ne commence pas avec le Big Bang mais bien avant. L'horizon des origines est nettement repoussé.

Honneur à la théorie la plus en vogue à l'heure actuelle : la théorie dite « des cordes ». Sans entrer dans les détails, retenons qu'elle remplace les particules élémentaires ponctuelles par de petits bouts de cordes vibrantes, ayant une taille finie mais microscopique, de l'ordre de 10^{-34} mètre... (un atome fait quelque 10^{-10} mètre...). Elle impose aussi un univers à plusieurs dimensions (voir p. 91). Avec ces deux ingrédients « simples » (dans le détail, les équations contiennent bien des horreurs mathématico-physiques que nous cacherons sous le tapis), les physiciens passent la barrière du Big Bang. En effet, les objets ne pouvant plus avoir une taille nulle, l'explosion des équations vers l'infini est évitée. Remonter le temps au-delà du Big Bang devient possible ; deux scénarios se présentent alors.

Dans le premier, la nouvelle origine est un univers vaste, presque vide, dont, petit à petit, les quelques éléments se rapprochent, jusqu'à s'agréger. Certaines zones deviennent si denses qu'elles se transforment en trous noirs (voir p. 251). À l'intérieur, la matière continue de s'effondrer sur elle-même et la densité augmente encore, jusqu'à la limite fixée par la taille des cordes. Bang ! Tout ce beau monde se retrouve alors expulsé du trou noir. C'est exactement le Big Bang tel qu'il était décrit par les « vieilles théories ». Autrement dit, nous sommes nés d'un trou noir ! Plus intriguant : à l'origine, rien n'empêche la création de plusieurs trous noirs, donc de plusieurs univers... Nous ne serions décidément pas seuls !

L'autre scénario est tout aussi imaginatif. Là encore, l'univers offre plusieurs dimensions et rien n'empêche que notre monde en trois dimensions ait un « cousin » (peut-être très différent d'ailleurs) dans les autres dimensions… Un monde parallèle. En fait, nous serions même liés à ce monde par une sorte de force agissant à la manière d'un ressort. Lorsque les deux mondes s'écartent, la matière s'y dilue et la force les ramène inexorablement l'un vers l'autre. Et (re)Bang ! La collision est terrible[1]. L'énergie qui s'en dégage crée la matière et les deux mondes s'écartent de nouveau. L'histoire de l'univers se transforme en une succession de rebonds sans fin…

Mais la théorie des cordes n'est pas la seule à tenter la réconciliation entre gravitation et mécanique quantique. Dans les années 1990, des physiciens ont proposé une autre approche, baptisée « gravitation quantique à boucle » ; nous n'en retiendrons que l'idée maîtresse très simplifiée. L'espace-temps, qui nous paraît parfaitement continu, possède en fait une structure de très petite échelle, là encore autour de 10^{-34} mètre. Ceci étant admis (!), le problème de la singularité disparaît totalement, puisque, par définition, on ne peut descendre sous les dimensions imposées par la théorie. Les partisans de cette idée peuvent alors franchir l'obstacle de la singularité et remonter encore plus loin dans notre passé. L'histoire est aussi celle d'un rebond. Avant notre univers, il y avait un univers miroir, qui s'est effondré jusqu'aux dimensions ultimes puis a rebondi au moment du Big Bang pour nous donner naissance. Et ainsi de suite… Le rebond est plus précisément un moment où la force de gravité, habituellement attractive, devient répulsive.

Idées saugrenues ? Peut-être, mais chacune d'elles, à en croire leurs défenseurs, est vérifiable. Il y aurait des traces

1. Pour cette raison, le scénario a été baptisé « ekpyrotique » (« conflagration » en grec).

de ces événements incroyables dans l'univers actuel, mais elles sont sans doute aussi difficilement détectables pour ces spécialistes que les fossiles de tous nos ancêtres pour un paléontologue. Les derniers messagers de ces temps reculés sont les photons, émis quelque 380 000 ans après le Big Bang. Leurs propriétés subtiles pourraient permettre d'arbitrer entre ces différentes théories. Le passage par la singularité aurait en effet une incidence sur la manière dont ils auraient été émis. Un satellite comme Planck, lancé en 2009, est censé les recueillir et déterminer leurs propriétés avec précision. Il sera peut-être le juge de paix des différentes approches.

Autre indice, venu des tréfonds de l'espace : les ondes gravitationnelles. Là, c'est pire. Personne ne les a jamais « vues ». Pour se figurer ce que sont ces ondes (des vibrations de l'espace-temps), il faut imaginer les vibrations d'une gelée quand on la secoue… Sur Terre, des expériences ont débuté en Italie (Virgo) et aux États-Unis (Ligo). Pour espérer apprendre quelque chose, les scientifiques devront observer avec vigilance tout déplacement anormal… d'un atome. La chose n'est pas aisée ! Quand ils y parviendront, il leur restera à effectuer un tri parmi toutes les vibrations de la gelée, puis différencier celles causées par la « déglutition » d'un trou noir, la collision de deux mondes parallèles ou le rebond d'un univers. La quête des origines et… ses soubresauts[1].

---

1. Histoire de faire un peu plus rêver, nous aurions pu évoquer une autre hypothèse, selon laquelle le temps n'existe pas, mais a été créé. Ainsi, la question des origines n'a donc tout simplement aucun sens. Cette conclusion découle également de la théorie de la gravitation quantique à boucle.

BOSON DE HIGGS

Cette particule existe-t-elle vraiment ?

Tels des prêtres grecs devant l'oracle, les physiciens attendent depuis quelques mois une réponse cruciale concernant les secrets intimes de la matière. Leur pythie arbore les traits d'un énorme tube métallique circulaire long de 27 kilomètres, enterré sous 100 mètres de terre à la frontière de la Suisse et de la France. Installé à l'Organisation européenne pour la recherche nucléaire (Cern), il a pour nom LHC (pour *Large Hadron Collider*) et c'est en fait le plus grand accélérateur de particules du monde. Les premiers protons[1] qui doivent entrer en violente collision viennent tout juste de commencer leur folle sarabande[2]. Comme aux temps des Grecs, l'oracle devra être interprété, car l'expérience est délicate. Des centaines de particules jailliront des chocs. Personne aujourd'hui n'a la moindre idée de ce qu'il en sortira[3].

---

1. Les protons sont les particules constituant le noyau des atomes. Les protons appartiennent à la famille des hadrons, d'où le nom du LHC.
2. Deux faisceaux de protons lancés à une vitesse toute proche de celle de la lumière entreront en collision quarante millions de fois par seconde. De ces chocs jailliront de nouvelles particules qui, à leur tour, disparaîtront et formeront des gerbes de nouvelles particules. Tous ces événements seront enregistrés et analysés par au moins deux détecteurs placés dans le tunnel et censés permettre de recueillir les traces desdits événements inattendus.
3. Le LHC vient tout juste d'être relancé, après avoir été mis en réparation pendant un an, à la suite d'un incident survenu dix jours seulement après son ouverture en septembre 2008.

Une chose est sûre : on devrait enfin avoir des certitudes quant à l'existence d'une particule prédite par la théorie voilà plus de quarante ans mais jamais observée. Elle a été baptisée « boson de Higgs », du nom de son « inventeur » Peter Higgs, bien que deux autres physiciens, Robert Brout et François Englert, aient élaboré de leur côté la même théorie.

Le monde des particules se divise en bosons et fermions. Comme les hommes et les femmes, ceux-ci possèdent un chromosome différent, appelé ici « spin ». Le boson « inventé » par les théoriciens correspond à la pièce manquante du magnifique puzzle élaboré pour représenter parfaitement le monde des particules : le modèle standard. Jusqu'à présent, aucune expérience n'a contredit ce modèle[1]. Grâce à lui, on sait tout des propriétés intimes des particules, comme leur charge électrique ou leur spin, mais aussi des relations qu'elles établissent entre elles et des réactions qui en découlent.

Il y a pourtant un hic. Cette construction ne tient qu'à la condition que toutes les particules (y compris l'électron ou le proton) aient une masse nulle. Autant dire que la théorie est loin de la réalité, où personne ne pèse le même poids. Pour s'en sortir, les physiciens ajoutent les masses « à la main ». Mais cette astuce ne pouvait satisfaire les scientifiques. C'est là que sont intervenus Higgs, Englert et Brout, qui ont élaboré un mécanisme permettant de casser l'uniformité d'un tableau dans lequel chacun a la même masse nulle et de créer un tableau plus réel, dans lequel les particules disposent d'une masse distincte. Une analogie très simple aide à mieux saisir ce qui se passe : en fait, les particules se déplacent dans une sorte de boue qui leur colle à la peau. La quantité de boue

1. Quelques expériences actuelles seraient incompatibles avec les prévisions du modèle standard. Elles prouveraient le caractère incomplet de ce modèle.

n'est pas la même pour chaque particule, ce qui explique la variété des masses. Reste à prouver l'existence de ce champ de boue. Par chance pour les physiciens, cette fange se matérialiserait par une nouvelle particule, le fameux boson de Higgs. Hélas ! depuis quarante ans, personne n'en a trouvé trace. Juste avant la fermeture en 2001 du LEP (la machine précédant le LHC), on a bien cru apercevoir le boson de Higgs, mais cette expérience n'a pas été concluante. Aux États-Unis, le Tevatron (un concurrent du LEP, lui aussi en fin de carrière) épuise ses dernières forces… Les scientifiques annoncent régulièrement être près du but, sans en être totalement certains. Désormais, tous les espoirs reposent donc sur le LHC, qui seul aura la puissance de feu permettant de casser suffisamment de particules et de prouver définitivement l'existence du boson de Higgs.

Cependant, la puissance ne fait pas tout. En effet, les physiciens ne savent pas prédire exactement la masse du boson de Higgs, ce qui n'était pas le cas avec la plupart des particules précédemment découvertes dans les accélérateurs. Les estimations peuvent même varier de plus de 50 % en fonction des théories de référence. Le LHC pourrait bien ne rien voir du boson, ce qui serait déjà une information majeure. D'ailleurs, certaines théories résolvent le mystère de la masse des particules sans se référer au boson… Elles ont toutefois besoin d'« ingrédients » tout aussi élaborés, telles des dimensions supplémentaires à notre espace-temps (voir p. 91) !

Les physiciens sont donc dans la plus grande expectative, d'autant que derrière ce mystère s'en cachent d'autres : l'origine de la matière sombre (voir p. 133), ou encore l'unification des forces (voir p. 245). En parfaites petites boules de roulette, les protons vont tourner dans la machine. Sur quelle case se fixeront-ils ? Les expériences menées par le LHC devraient marquer le point de départ de la quête d'une nouvelle physique, au-delà du vaillant modèle standard. En effet, il est clair que ce dernier ne résiste pas aux très hautes énergies, dix, cent ou mille fois plus élevées que celles sondées par le LHC. Boson de Higgs ou pas, les physiciens savent que l'extrapolation du modèle actuel vers les énergies du Big Bang est vouée à l'échec. Les équations deviennent folles. Une autre théorie est nécessaire. Laquelle ? Mystère, évidemment !

BOURSE

Peut-on prédire les krachs ?

Rares étaient ceux qui avaient prédit les brutales chutes des cours de la Bourse survenues en 2007 et à la fin de l'année 2008. Les marchés financiers ne seraient-ils donc que d'immenses loteries régies par le hasard ? Malgré leur incapacité à anticiper les fluctuations boursières, les scientifiques n'abdiquent pas. Le géologue ne cherche-t-il pas avec ténacité à prévoir les tremblements de terre ? D'ailleurs, ce serait un comble de renoncer, quand on sait que, depuis plusieurs décennies, les mathématiciens sont à l'origine du formidable développement des marchés boursiers.

En 1900, le mathématicien Louis Bachelier a été le premier à tenter de comprendre les fluctuations erratiques des cours des matières premières ou des actions, mais ce n'est qu'après la Seconde Guerre mondiale que ses théories ont été complètement exploitées. Son idée était simple : le prix d'une action est aussi aléatoire que le déplacement d'un petit grain de pollen dans l'eau, ou que la marche titubante d'une personne avinée sortant d'un bar. Or ces trajectoires biscornues n'effraient pas un mathématicien. Malgré l'apparent désordre, il n'est pas perdu ! Inutile de connaître le détail des petits événements individuels qui agitent le pollen lors de ses chocs contre les molécules d'eau… Et il est tout à fait possible d'établir scientifiquement la probabilité de trouver le soûlard à 100 ou 200 mètres du bar une heure après la fermeture.

Voici l'hypothèse avancée par Louis Bachelier : les cours d'une action se répartissent le long d'une courbe en forme de cloche. Le centre correspond à la valeur moyenne du prix de l'action. Autour de cette moyenne, il y a autant de chance de trouver une hausse de dix euros qu'une baisse du même montant. Et la probabilité d'avoir des mouvements de grande ampleur est d'autant plus faible que cette amplitude est forte. La même courbe peut d'ailleurs permettre de décrire les notes d'une classe, ou la répartition des individus selon leur taille et leur poids. Les géants de 2,50 mètres et les nains de 90 centimètres sont rares dans la vie…

Armés de ces théories des probabilités, les boursicoteurs se sont lancés, manipulant des sommes de plus en plus considérables, misant sur des produits de plus en plus nombreux et sophistiqués.. en sachant que les probabilités de krachs étaient bien réelles mais en ayant l'impression de maîtriser les risques.

Cependant, à peine les premiers succès engrangés par les disciples de Louis Bachelier, un autre scientifique, Benoît Mandelbrot, décide de sonner le glas de la courbe en cloche. Ce mathématicien et physicien, qui travaillait à l'époque (les années 1960) pour IBM, ne s'est pas laissé bercer par la simplicité et l'efficacité de ces lois de probabilités communément admises. En étudiant le cours du coton et du blé, il a même constaté que tout le monde faisait fausse route. Les événements extrêmes de hausse et de baisse ne sont pas si rares sur les marchés. Surtout, ils peuvent être si intenses qu'ils annihilent en peu de temps tous les gains précédents… Comme si l'homme saoul sortant d'un bar se mettait soudain à faire de grands bonds, avant de tituber de nouveau. Bref, la description consensuelle de l'aléatoire boursier est loin de la réalité.

Mandelbrot a donc proposé une loi qui rend compte à la fois du court et du long terme. Il est même allé plus loin, en élaborant un outil d'analyse très global permettant de quantifier un hasard bien plus tortueux (et dangereux) que celui que les traders ont intégré dans leurs calculs : l'analyse fractale, qui compte de nos jours des applications dans bien des domaines... sauf en finance[1] ! En effet, Mandelbrot est arrivé un peu trop tard ; la beauté de la courbe en cloche avait déjà séduit tout le monde.

Trente ans plus tard, dans les années 1990, une petite communauté de physiciens et de mathématiciens décide de s'attaquer une nouvelle fois au mystère des marchés financiers. Elle reprend et développe les idées de Mandelbrot et démontre leur validité. Des modèles arrivent à reproduire des schémas boursiers plus réalistes que ceux dégagés à travers le modèle en cloche. Évidemment, ces équations ne prédisent pas les cours du lendemain, mais elles permettent d'estimer plus justement le risque à long terme. Ces « éconophysiciens », comme ils se baptisent eux-mêmes, ont créé des entreprises de gestion de portefeuilles ou d'analyse de risques fondées sur des méthodes tournant le dos au mythe de la courbe en cloche. Mais le profit n'est pas (seulement) leur affaire. Ils veulent maintenant reprendre le problème scientifique à la racine : les ordinateurs ayant fait des progrès, ces savants disposent de bases de données, contrairement à Bachelier ou Mandelbrot. Par exemple, ils inventorient le moindre geste d'un trader presque à la seconde près ! Ils ont également des simulateurs efficaces à leur portée. Surtout, ils espèrent que leurs contemporains vont enfin appréhender avec lucidité les graves crises qui se sont succédé en 1987, 1993, 2000 et 2007-2008, et comprendre que le hasard financier est plus sauvage que bénin.

---

1. Les fractales sont des objets mathématiques utilisés pour décrire les côtes bretonnes, dessiner des murs antibruit, étudier les ramifications de végétaux... Elles forment aussi des figures dont la propriété remarquable est que chaque partie ressemble au tout, et inversement.

Jean-Philippe Bouchaud, passé par la recherche au Commissariat à l'énergie atomique (CEA) puis à l'École polytechnique, a créé son entreprise et rêve de simulateurs de marchés permettant de percer le mystère de la prise de décision individuelle des acteurs et ses effets collectifs. En bon physicien, il sait bien que de petites causes peuvent avoir de grands effets. Raphaël Douady, chercheur et également cofondateur d'une entreprise financière, songe à des indicateurs de « fièvre » ou de « tension » sur les marchés, comme les médecins disposent de thermomètres et de sphygmomanomètres[1]. Didier Sornette, à Lausanne, a lancé un observatoire des marchés. Son objectif : comprendre si ses modèles d'analyse (et ceux de ses collègues) sont en mesure de prévoir la formation de bulles spéculatives. À un moment ou un autre, tous ces scientifiques ont eu recours aux fractales de Mandelbrot et en ont amélioré les modèles.

Dans la course, une nouvelle école de pensée est apparue, qui doit encore faire ses preuves : la neuroéconomie. Elle cherche à comprendre le comportement des traders en plaçant ces derniers sous des IRM. Les sujets d'étude sont mis en situation de jeu ou de compétition ; les chercheurs observent quelles zones de leur cerveau sont actives.

Tout ça n'empêchera peut-être pas les crises, mais aidera sûrement à mieux les comprendre.

1. Nom savant de l'appareil servant à mesurer la tension d'un patient.

CERVEAU

Comment fonctionne notre tête ?

Il est loin le temps où les savants et les philosophes imaginaient que l'intelligence se nichait dans la tête, le sang et le cœur. Les biologistes modernes s'accordent à dire que notre cerveau en est bien la clé. Quant à comprendre finement comment fonctionne cet organe flasque de quelque 1 300 cm^3 (trois fois plus qu'un chimpanzé), c'est une autre histoire !

D'ailleurs, au vu des résultats d'une récente étude américaine, même les professeurs de science en perdent la tête ! 20 % d'entre eux pensent que le fait de ne pas boire réduit le cerveau. 11 % que la conscience peut se passer de l'encéphale. Et plus de la moitié croit qu'il n'est pas nécessaire de se concentrer pour apprendre quelque chose. Des affirmations démenties par les progrès des neurosciences. À la décharge de ces scientifiques, en vingt ans, les progrès ont été foudroyants, au point d'ébranler des dogmes bien établis. Par exemple, on sait désormais que les neurones continuent de pousser à tout âge ! Le cerveau se reconfigure en permanence ; aucun circuit n'est figé et d'autres cellules que les neurones entreraient même en jeu ! Avant de comprendre les révolutions et d'assiéger des citadelles, soyons conservateurs et plongeons aux fondements de la science.

Les physiciens ont les atomes ; les biologistes, les gènes ; les neurologues, les… neurones.

Ces derniers constituent les briques élémentaires de notre matière grise. Ce sont des cellules allongées qui, en leurs extrémités, se terminent par un foisonnement de ramifications permettant à un neurone de communiquer avec ses voisins et appelées « synapses ». On parle abusivement de point de contact car, en réalité, les neurones ne se touchent pas. La synapse désigne donc l'espace vide – mais ô combien crucial – entre deux extrémités de cellules nerveuses. Lorsque l'une d'entre elles est activée, elle émet des molécules dans la synapse, appelées neurotransmetteurs. En face, d'autres molécules réceptrices les captent, entraînant alors une cascade de réactions chimiques générant un nouveau signal. Tout se passe comme si les neurones s'envoyaient des décharges électriques et se comportaient en fils conducteurs[1].

Ainsi, l'information circule. Il faut bien avoir à l'esprit que ce processus est à l'œuvre pour une centaine de milliards de neurones et que certains d'entre eux peuvent être connectés à plusieurs milliers d'autres. Il est difficile d'appréhender cet ensemble, d'autant que le câblage est réalisé avec des fils spécifiques. Un neurone isolé et en éprouvette ne réagit pas de la même manière aux stimuli que lorsqu'il est placé *in vivo*, entouré de ses voisins.

À présent, démontons donc ce bel édifice.

Première surprise : alors qu'on croyait le cerveau figé, on a réalisé qu'il était assez plastique. Longtemps, les biologistes ont pensé que les neurones d'un cerveau adulte ne faisaient que mourir et ne se renouvelaient pas. Erreur ! Il existe des réservoirs à neurones, notamment dans le bulbe olfactif (actif pour le traitement des odeurs) et l'hippocampe (impliqué dans la mémoire spatiale). De ces régions sortent en permanence de nouveaux neurones

---

1. Les cascades chimiques évoquées conduisent à ouvrir les membranes cellulaires pour faire passer des charges électriques portées par des ions (des atomes privés ou enrichis en électrons).

qui se dirigent vers d'autres aires auxquelles ils s'intègrent, remplaçant ou même ajoutant des liaisons. Des expériences ont même permis de suivre cette migration neuronale pas à pas. Le champ des investigations thérapeutiques est ouvert et, à terme, on pourrait espérer réparer des régions lésées. Ainsi, des chercheurs ont réussi à guider des neurones frais vers une zone désirée, mais ces derniers ont assez vite péri. De surcroît, ils n'étaient pas tout à fait adaptés à leur nouvel environnement, se montrant peu réceptifs aux neurotransmetteurs *ad hoc*.

Un autre élément témoigne de la plasticité de notre cerveau : les synapses. Ce mince espace entre neurones n'est pas une morne plaine où des récepteurs attendent sagement que veuillent bien arriver les messagers. C'est plutôt le théâtre d'une sarabande incroyable, d'un match de tennis pendant lequel les molécules réceptrices arpentent la ligne de fond de droite à gauche pour « capter » une balle[1]. Mieux, les joueurs sont sans cesse remplacés ! On comprend mieux pourquoi, à plus grande échelle, les scientifiques ont mis au jour la diversité des synapses. Celles-ci ont en effet la capacité de se renforcer, de se créer ou de disparaître au fur et à mesure qu'elles reçoivent des signaux. Finalement, les circuits cérébraux évoluent sans cesse. Un électricien s'y perdrait.

Dernière surprise de taille : il y a moins de dix ans, a été découvert un… deuxième cerveau (comme l'a joliment baptisé *Science et Vie* en novembre 2005). Plus précisément, le rôle joué par des cellules du cerveau jusqu'alors négligées a été mis en évidence pour tout un ensemble de fonctions neuronales. Semblables à des étoiles, elles forment une sorte de glu reliant les neurones entre eux. D'où

1. Pour observer cette danse, les chercheurs accrochent des particules émettrices de lumière aux molécules qui les intéressent. Au microscope, ils observent donc de petits points colorés de rouge, de vert, de jaune s'agiter à grande vitesse.

leur nom de cellules gliales ou astrocytes. Ces milliards d'étoiles forment une sorte de second réseau de communication, plus lent que celui des neurones, mais omniprésent. Contrairement aux neurones, les signaux qu'elles émettent ne sont pas « électriques » mais entièrement « chimiques ». Pour l'instant, la véritable fonction de ce réseau demeure inconnue : nourrir les neurones, contrôler les fameuses synapses (car une extrémité des astrocytes entoure en fait cet espace), donner le *la* au réseau de neurones, tel un chef d'orchestre ? L'exploration ne fait que commencer. De même que les biologistes ont découvert qu'il n'y a pas que les gènes dans la vie, les neurologues vont peut-être devoir revoir leur conception des neurones, auxquels ils attribuaient jusque-là le premier rôle au sein du cerveau.

En tout cas, l'efficacité de ce dernier fascine et inspire. Les ingénieurs roboticiens et informaticiens voudraient bien en percer les secrets et créer des machines à son image. Pour eux, le cerveau est une boîte noire qui, après une sorte de « calcul », transforme un signal d'entrée en un signal de sortie. Justement, comment les neurones « calculent »-t-ils ? Plusieurs écoles s'affrontent. Pour beaucoup, ce mécanisme est assez proche de la manière dont procèdent les puces électroniques, avec des mémoires et des éléments logiques qui traitent l'information petit à petit. Pour d'autres, notre cerveau serait probabiliste : il estimerait en permanence les chances de survenue de tel ou tel événement. Pas pour jouer au Loto, mais pour nous aider à anticiper nos actions et analyser nos perceptions. Un bruit sourd la nuit ? Probabilité de 5 % que ce soit le vent ; de 5 % que ce soit le retour du compagnon ou de la compagne ; de 40 % que ce soit un intrus ; de 50 % que ce soit une fuite… Le bruit paraît régulier ? La probabilité de la fuite augmente. Et ainsi de suite, évidemment en quelques millisecondes. Cette théorie repose sur un constat : même au repos, notre cerveau semble animé. Un « bruit » permanent l'habite, comme s'il travaillait sans cesse. D'ailleurs, cela pourrait être la manifestation de ce qu'on appelle communément la conscience. Les stimuli extérieurs, au lieu de contrôler l'activité de notre cerveau comme on le pensait jusqu'alors, ne serviraient qu'à la moduler.

« Le cerveau n'est pas une machine », aimait au contraire à dire le biologiste Francisco Varela, décédé en 2001. Pour lui, cette quête d'un cerveau-calculateur est vaine. Dans l'encéphale (contrairement à un ordinateur), on ne peut distinguer le substrat matériel du programme qui permettrait au cerveau de fonctionner. Dans le cas des ordinateurs, un programme informatique est applicable à n'importe quelle machine, moyennant quelques adaptations. Mais la méthode ne s'appliquerait pas à la matière grise. L'intelligence est une propriété qui émerge et ne peut être réduite à des équations déduites de l'analyse des interactions neuronales individuelles. L'homme a besoin d'un substrat pour penser. L'esprit et le corps sont liés. Sans interaction avec l'environnement, pas d'intelligence.

Ces divergences n'empêchent pas les scientifiques de promouvoir leur propre « simulateur » de cerveau. L'École calculatoire ou probabiliste construit de petits réseaux de neurones artificiels avec des ordinateurs. Des sortes de machines à qui l'on donne des informations pour qu'elles les transforment. À l'entrée : des stimuli reçus au milieu des équations (et chacun les siennes, probabilistes ou non !). À la sortie : une réponse. Entre les deux, une période d'apprentissage, durant laquelle le système propose des solutions à des problèmes connus, puis se corrige afin d'obtenir la meilleure réponse. À la fin de cette « adaptation » numérique, le simulateur est capable de répondre à des problèmes nouveaux. Exemple fructueux de l'application de la méthode des réseaux de neurones : la lecture automatique de la signature des chèques. Des versions maximalistes de cette approche existent, tel le projet Blue Brain en Suisse. Il s'agit de représenter rien moins que des milliards de neurones en interaction sur un gros ordinateur. Pour l'instant, ce cerveau ne possède que 10 000 neurones.

Pour les scientifiques qui se font un devoir de ne pas séparer le corps et l'esprit, il s'agit de construire des machines pleinement intégrées à leur environnement, soumises en permanence à des stimuli réels, non définis *a priori*. Aux États-Unis, les équipes du Massachusetts Institute of Technology (MIT) ont ainsi développé les robots Cog et Kismet. Petit à petit, au gré des interactions avec l'extérieur, le cerveau de ces robots doit se construire… Mais le cerveau de ceux qui réfléchissent au cerveau fonctionne-t-il comme celui de tout un chacun ?

CHAMP MAGNÉTIQUE

La Terre va-t-elle basculer ?

Oui, la Terre perd le nord ! Pis, elle l'a déjà perdu. C'était il y a environ 780 000 ans. Le nord magnétique s'est retrouvé au sud, dans l'Antarctique ; le sud, dans l'Arctique… au nord ! Aujourd'hui, le même scénario serait à l'œuvre. Le champ magnétique terrestre perd de son intensité. À ce rythme, dans 2 000 ou 3 000 ans, ce sera l'inversion… Cul par-dessus tête ? Pas tout à fait. Il ne faut pas confondre les deux axes terrestres qui marquent le « haut » et le « bas » de notre planète. Un de ces axes est lié à la force de gravitation et décrit la rotation de la Terre sur elle-même. Il est assez fixe[1]. L'autre, formant un angle d'une dizaine de degrés avec le précédent, est lié au magnétisme de la Terre, à l'existence d'un pôle Sud, d'où « part » le champ, et d'un pôle Nord, où « rentre » le champ. Cet axe-là connaît des variations bien plus importantes, au point qu'il peut basculer. Problème : on ne sait toujours pas vraiment comment, ni pourquoi… Et encore moins si la tendance actuelle conduira à cette inversion. La météo magnétique apparaît tout aussi imprévisible que la météo atmosphérique.

1. En fait, même cet axe de rotation subit des variations, mais sans aller jusqu'à inverser le « haut » et le « bas » ; les écarts sont de l'ordre d'un degré. Ce phénomène est à l'origine des changements climatiques qui s'opèrent sur Terre tous les 40 000 ans environ.

Pourtant, dans ses grandes lignes, le champ magnétique terrestre est simple à décrire, comptant quatre sources principales.

La première vient des entrailles de la Terre, au cœur de la graine solide et du noyau fondu, à quelque 6 000 kilomètres de profondeur. Dans cette sphère de 50 à 100 kilomètres de rayon, se combinent deux effets physiques bien connus, l'effet dynamo et l'électroaimant. Le premier crée un courant électrique à partir du déplacement d'un conducteur dans un champ magnétique, comme sur un vélo. Le second engendre un champ magnétique à partir d'un courant électrique, comme dans un moteur. Le centre de la Terre étant constitué de fer fondu agité de mouvements de convection et de rotation, il crée un champ magnétique auto-entretenu. Seule différence avec une dynamo de vélo : fils électriques et aimants sont fondus. Mais ça marche !

La deuxième source vient du Soleil. Régulièrement, celui-ci envoie des bouffées de matière chargées sur la Terre, des protons et des électrons. Cette matière est, elle aussi, conductrice et magnétique. Elle déforme le champ magnétique de la Terre et, selon les circonstances, cause de véritables orages magnétiques au-dessus de nos têtes. Point positif : les aurores boréales. Mauvais point : une perturbation des satellites.

La troisième source magnétique est une autre dynamo, située dans la ionosphère, à quelque 100 kilomètres au-dessus de nos têtes. Cette région irradiée par la Soleil est constituée de particules chargées électriquement. Qui plus est, en raison de l'alternance du jour et de la nuit, elle est le siège de mouvements réguliers. La présence et le déplacement de conducteurs électriques créent là aussi du champ magnétique.

Enfin, à la surface de la Terre, des roches, tel le granit ou le basalte, sont autant de petits aimants. Comme le disque dur d'un ordinateur, elles ont « enregistré » le champ magnétique qui régnait lors de leur formation à haute température. Le refroidissement a figé leurs petits aimants. De multiples îlots magnétiques apparaissent ainsi à la surface du globe, qui permettent aux paléomagnétologues de reconstruire l'histoire du champ magnétique terrestre par l'analyse de leurs roches[1].

Toutes ces sources constituent le champ magnétique terrestre. Un champ bien plus complexe que les figures formées par la limaille de fer près d'un barreau aimanté ! Ces belles courbes sont en réalité bien plus tordues. Pis, les extrémités du barreau « bougent ». Ainsi, le pôle Nord se déplace de plusieurs centaines de kilomètres ; 1 000 kilomètres au cours du dernier siècle, du Canada vers la Sibérie. Idem pour le pôle Sud. L'intensité du champ en un point varie elle aussi, diminuant ces dernières années et faisant craindre une extinction d'ici 2 000 à 3 000 ans. Et il n'est guère possible de prévoir aujourd'hui ce qui va se passer : on ignore jusqu'aux signes annonciateurs d'une inversion. On se contente de réaliser des simulations sur ordinateur et des expériences consistant à faire tourner des métaux fondus dans des cuves. Une chose est sûre : il n'est pas nécessaire que le noyau se mette à tourner dans le sens opposé au sien pour inverser les pôles. Les mouvements sont très turbulents ; les équations sont aussi complexes que celles de la météo et c'est au cœur même desdits mouvements que se nichent tous ces effets de baisse ou de hausse d'intensité et d'inversion.

Autre mystère : l'apparition d'une anomalie dans l'Atlantique Sud. Cette région affiche une intensité magnétique particulièrement faible, à tel point que les satellites qui la survolent connaissent des pannes et que le surnom de « triangle des Bermudes magnétique » lui

1. Pour commander la carte géologique du monde : http://ccgm.free.fr/index

a été attribué. Là encore, impossible de prévoir si cette « tache » va s'étendre ou disparaître…

Faut-il craindre une inversion ? Oui et non. Non, car selon les historiens, aucune extinction d'espèces n'a été directement liée à un tel bouleversement. Les animaux, *a priori* sensibles aux champs magnétiques, résistent au changement en mobilisant certainement d'autres sens. Évidemment, dans une telle situation, le paysage magnétique serait sans doute assez emmêlé avec (pourquoi pas) plusieurs pôles Nord venant perturber nos boussoles ! Mais tout ceci serait surtout fatal à nos satellites, dont certains nous sont bien utiles ! Le champ magnétique terrestre les protège en effet du bombardement de particules en provenance du Soleil. Quant aux aurores boréales, elles seraient plus nombreuses et donc visibles sous de plus basses latitudes… Il faut savoir se réjouir !

CHIRALITÉ

Pourquoi la nature a-t-elle perdu la moitié de ses molécules ?

Le petit monde des molécules biologiques, bases de la vie, a ceci de particulier qu'il lui manque la moitié de ses congénères. C'est un peu comme si un être humain ne disposait que de deux mains gauches et de deux pieds droits. Nos pieds, comme nos mains, sont en effet symétriques. Le reflet du pied droit dans un miroir est un pied gauche. À plus petite échelle, les molécules présentent la même particularité. Les acides aminés, à la base des protéines et de l'ADN, ou les sucres, sources d'énergie pour les cellules, possèdent une forme spatiale. Leur reflet dans un miroir est une autre molécule, de même composition chimique, mais qui ne peut pas se superposer à la molécule de départ. En termes savants, les chimistes parlent d'énantiomères, lesquels peuvent être aussi différents l'un de l'autre que l'est une chaussure droite d'une chaussure gauche. Il en va alors des molécules comme des humains : un pied gauche s'adapte mal à une chaussure droite. Autrement dit, deux énantiomères peuvent avoir des effets chimiques fort différents. L'aspartame possède par exemple deux énantiomères, dont l'un a un goût amer et l'autre sucré. Le limonène, présent dans le citron, possède une configuration qui sent le citron et l'autre l'orange. Un jus de fruit naturel est en général constitué d'un seul énantiomère, ce qui permet aux douaniers de détecter les fraudes. Hélas ! il y a des cas beaucoup plus graves : la thalidomide, un sédatif administré aux femmes enceintes dans les années 1960, possède un énantiomère qui a causé des malformations de fœtus. L'industrie pharmaceutique est donc très vigilante en matière de chiralité, le nom savant de ce phénomène. Mettre un gant droit sur une main gauche peut être catastrophique ; il s'agit de distinguer à tout prix les énantiomères !

Pour les biologistes ou les chimistes, ce sujet est également crucial. La nature n'a en effet choisi qu'un seul côté du miroir ! Presque tous les acides aminés sont « droits » et les sucres « gauches[1] ». Bel équilibre démocratique, certes. Mais lors d'une réaction chimique, les produits synthétisés devraient être obtenus en proportion égale, autant d'un énantiomère que de l'autre. Or, visiblement, ce n'est pas le cas.

C'est Louis Pasteur qui, le premier, est tombé sur cet os de la chiralité. L'acide tartrique, présent dans le vin et cristallisant sur les tonneaux, possède en fait deux formes dont les propriétés physiques sont très différentes. L'une, sous éclairage, oriente la lumière vers la droite, tandis que son double fait basculer la lumière vers la gauche. Pour passer de l'autre côté du miroir, le savant a tenté d'utiliser le champ magnétique terrestre qui, en pointant vers le nord, lui semblait devoir privilégier une direction particulière. Objectif : briser la symétrie, mais cela n'a pas fonctionné. Au fond des éprouvettes, il y avait toujours autant de particules symétriques. Quelques années plus tard, Pierre Curie démontre, en usant d'arguments physico-mathématiques, que l'idée de Pasteur était vouée à l'échec.

---

1. Le caractère droit ou gauche correspond à une convention. Expérimentalement, cela signifie qu'une molécule « droite » aura tendance à orienter un rayon lumineux vers la droite. Et le contraire pour une molécule « gauche ».

Mais la course pour faire basculer le monde d'un côté ou de l'autre est lancée. Soit en détruisant après coup un énantiomère plutôt que l'autre, soit en forçant les réactions chimiques à privilégier l'un des deux.

La première réussite est liée à l'utilisation de la lumière polarisée circulairement, c'est-à-dire effectuant des rotations semblables à celles d'un tire-bouchon (de gaucher ou de droitier[1]). En 1930, les Allemands Kuhn et Knopf parviennent effectivement à détruire préférentiellement l'une des deux formes énantiomériques au sein d'un mélange contenant originellement autant d'énantiomères gauches que droits. La variation est faible (quelques pour cent), mais en 1974, le Français Henri Kagan parviendra à faire varier de 30 % un autre mélange d'éléments chimiques.

Comment aboutir à la disparition complète d'une des variétés ? Les chimistes ont ensuite imaginé des procédés d'amplification, permettant d'emballer les réactions pour qu'il ne demeure qu'un seul énantiomère. À coups de catalyseurs eux-mêmes asymétriques, ou même d'enzymes naturelles, ils ont atteint leur objectif. La configuration spatiale de ces « assistants » chimiques est bien définie et influence leurs réactions : deux mains droites peuvent se serrer mutuellement, tandis qu'une main gauche et une main droite ne s'ajustent pas parfaitement. L'industrie peut être satisfaite, mais pas les chercheurs, engagés dans la compréhension des phénomènes. Or ces principes de catalyse ne font que repousser le problème de la création naturelle d'énantiomères orientés à droite ou à gauche.

1. La lumière est une onde électromagnétique ; elle est donc constituée d'une onde électrique et d'une onde magnétique oscillante. Si la direction de ces oscillations est constante, la lumière est dite « polarisée linéairement ». Si cette direction tourne en se propageant vers l'avant, comme un tire-bouchon, elle est dite « polarisée circulairement ». La rotation peut s'effectuer vers la droite ou vers la gauche.

La solution viendra peut-être de l'espace. En 2000, l'équipe de Gert Rikken, à Grenoble, démontre que l'utilisation d'une lumière naturelle non polarisée et d'un très fort champ magnétique bouscule l'équilibre d'une réaction chimique. Les scientifiques avaient en effet constaté que la lumière polarisée, très pratique en laboratoire, est rare dans la nature. En ajoutant le champ magnétique, ils ont recréé une situation « naturelle »... En outre, ces forts champs existent dans les étoiles. Victoire ? Pas tout à fait : les chercheurs n'ont recueilli qu'une molécule gauche pour mille droites... En 2008, aux États-Unis, l'équipe de Richard Rosenberg, des laboratoires Argonne, a proposé l'étude d'un autre phénomène, peut-être également à l'œuvre dans l'espace : le bombardement par des rayons X de molécules posées sur une surface magnétique telle que le fer. Ce phénomène causerait la destruction d'une forme plutôt que d'une autre, mais, là encore, dans des proportions bien plus faibles que ce que l'industrie parvient à réaliser. Et surtout sans commune mesure avec ce qui survient réellement dans l'espace. En 2009, une équipe de la Nasa a en effet surpris son monde en annonçant la détection dans les météorites d'Orgueil et Murchison d'excès d'énantiomère de l'ordre de 15 % ! Quelque chose échappe donc encore aux chercheurs.

Cependant, la thèse terrestre n'est pas forcément morte. Les physiciens ont par exemple tenté de transposer l'une de leurs brisures de symétrie au cas des molécules. En 1957, ils ont en effet découvert que certaines réactions au niveau des noyaux d'atomes présentaient aussi une dissymétrie : selon que les particules sont « gauches » ou « droites », le résultat de l'expérience n'est pas le même. Malheureusement, au niveau moléculaire, la dissymétrie est inférieure à une molécule pour des milliers de milliards. Il n'empêche que des processus d'amplification de ces microscopiques effets auraient pu se produire durant les milliards d'années qui ont été nécessaires à la constitution des molécules complexes.

Plus récemment, deux chercheurs ont suggéré une autre voie « terrestre ». Des cristaux très particuliers pourraient influencer, par leur géométrie, les réactions chimiques dans un sens ou dans l'autre. L'idée est astucieuse. Son principe : si un réactif chimique attaque une molécule quasi plane d'un côté du plan ou de l'autre, le résultat ne sera pas le même. À chaque face correspond un énantiomère. Les chimistes fabriquent donc un cristal fait d'un empilement régulier de ces précurseurs, ces molécules presque planes. Sur chaque face du cristal, les réactions chimiques engendreront des produits différents. Pour bousculer l'équilibre, il suffit donc de rendre inactive une face, par exemple en la plastifiant. Résultat : on compte une dizaine de pour cent supplémentaires d'une molécule par rapport à son « double ». De meilleurs résultats que lors des expériences sur les effets de la lumière ou des rayons X ! Un bout de ce cristal dépassant du sable, balayé par les vents, le soleil et l'eau aurait alors pu être le foyer d'un déséquilibre qui se serait propagé au monde chimique tout entier. La vie serait née de ce bout de caillou. Reste que les conditions d'obtention de cette pierre philosophale demeurent assez délicates. La lutte entre la droite et la gauche n'est pas de l'histoire ancienne !

DINOSAURES

Avaient-ils le sang chaud ou froid ?

Nez à nez avec un tyrannosaure Rex, il valait mieux garder son sang-froid, d'autant que l'animal, avec ses énormes mâchoires, devait quant à lui avoir le sang chaud. Mais ces considérations psychologiques sommaires n'ont que peu de rapport avec les interrogations que nourrissent les paléontologues depuis près de 150 ans : les dinosaures avaient-ils le sang chaud ou le sang froid ? Plus précisément : quel était leur métabolisme ? Leur température corporelle s'adaptait-elle, comme celle des reptiles, à leur environnement ? Ou bien, comme les actuels mammifères, pouvaient-ils réguler leur énergie pour maintenir une température corporelle constante, quelle que soit la température extérieure ? Enfin, auraient-ils adopté une stratégie intermédiaire ?

Évidemment, les organes de cette espèce qui peupla la Terre pendant plus 170 millions d'années nous font défaut : point de cœurs ou de poumons à disséquer. Malgré tout, les paléontologues ont tenté d'imaginer quel pouvait être le comportement des dinosaures.

Premier indice : la généalogie. Les dinosaures appartiennent à la famille des reptiles ; ainsi, la thèse de l'ectothermie (le nom savant désignant les métabolismes à sang froid) est légèrement privilégiée. Cela dit, les oiseaux, endothermes (à sang chaud), descendent des dinosaures, faisant de ces derniers de potentiels animaux à sang chaud. À ce stade de l'enquête, point de certitude.

Autre indice : le climat. Au crétacé, l'époque de la domination des dinosaures, le climat était plutôt chaud. Nul besoin donc de développer un coûteux système de climatisation interne et avantage au sang froid. Cependant, le climat n'était pas uniforme : à certaines latitudes, la température était même polaire. Or, on compte de nombreux fossiles de dinosaures en Australie, Alaska ou Sibérie, régions où des espèces ectothermes n'auraient pu survivre. L'hypothèse endotherme reprend le dessus. Match nul sur le terrain climatique.

Troisième indice : le nez. Les physiologistes savent que les endothermes et ectothermes actuels n'ont pas le même organe olfactif. Les premiers possèdent des cavités destinées à réchauffer l'air entrant, ce dont les seconds sont dépourvus. Du coup, ces derniers ont des naseaux un peu plus petits. L'analyse des fossiles montre que cet organe était plutôt étroit chez les dinosaures : un argument en faveur du sang froid. Pourtant, tout n'est pas si simple. En effet, il n'est pas certain qu'à l'époque des dinosaures, ce système nasal ait été aussi discriminant qu'aujourd'hui. Certains ont même imaginé des systèmes de nez étroits « chauffant » l'air.

Quatrième indice : la taille. Est-il possible que des mastodontes de plusieurs centaines de tonnes et plusieurs mètres de haut aient eu le même métabolisme qu'un lézard et aient pu se mouvoir et guetter leur proie en optant pour la stratégie du moindre effort ? Dès le début des recherches, la posture particulière des dinosaures a fourni des arguments aux tenants de la thèse du sang chaud. Mais bien sûr, il existe aussi de petits dinosaures, tout comme on connaît des reptiles ectothermes capables de se mouvoir debout, tels certains caméléons.

Cinquième indice : les os. Leur croissance n'est pas la même chez un ectotherme et un endotherme. Les os de ces derniers croissent rapidement et sur une courte période. Puis un phénomène de régénération continue crée des stries dans la section d'un os, comme sur l'écorce d'un arbre. Rien de tel chez les ectothermes. Or on a justement trouvé trace de ces fameuses stries sur des fossiles de dinosaures… qui seraient donc à sang chaud ! Toutefois, on a également repéré une absence de stries sur la même espèce ! En outre, il ne serait pas pertinent de comparer la croissance des os de dinosaures à celle de nos actuels reptiles ou mammifères… Les paléontologues tombent sur un os.

À la suite de travaux américains, une équipe française a décidé de concentrer ses investigations sur la croissance des dents. Quand celles-ci poussent (de même que les os ou écailles), l'animal y incorpore de l'oxygène. Cet oxygène prend des formes diverses (les spécialistes parlent d'« isotopes » pour décrire des formes chimiques presque identiques, à un ou deux neutrons près[1]) et, selon la température du corps de l'animal, la proportion d'isotopes incorporés n'est pas la même. Ainsi, l'analyse des isotopes présents dans ses dents peut renseigner sur la température de l'animal. En 2006, après l'examen de vingt-six dents de dinosaures, l'équipe française d'Éric Buffetaut est arrivée à la conclusion que ces animaux avaient bien le sang chaud, vers 36 ou 37 °C.

À peine quelques mois plus tard, des Américains sont venus contester ce résultat. À l'issue de leurs recherches, fondées sur l'examen des taux de croissance des animaux, ils sont arrivés à la conclusion que les dinosaures étaient, tout comme les reptiles, des animaux à sang froid. Leur température augmenterait avec leur taille et pourrait monter jusqu'à 41 °C !

---

1. Les atomes sont constitués d'électrons qui gravitent autour d'un noyau, lui-même composé de protons et de neutrons. Le nombre de protons permet d'identifier un noyau (l'hydrogène dispose d'un proton, l'hélium de deux, le carbone de six…). Le nombre de neutrons permet de distinguer les isotopes d'un noyau : le carbone naturel possède six neutrons. Le carbone dit « 14 » en compte huit.

Les Français ont pris leur plume pour critiquer une recherche qui, selon eux, est en contradiction avec les lois fondamentales de la physiologie : personne n'imagine un animal géant atteignant une telle température corporelle ; en général, ce sont les petits animaux qui ont une température élevée.

Le débat n'est donc toujours pas tranché. En juillet 2009, un chercheur américain, Brian McNab, a émis une hypothèse audacieuse : les dinosaures emprunteraient aux deux métabolismes ! Ils auraient le sang « tiède ». Plus précisément, ils seraient quatre fois plus actifs que les reptiles, mais un quart de fois moins que les mammifères. La régulation passerait donc par un mécanisme interne (endothermique) et par la quête de solutions externes, telle la recherche d'un lieu ombragé, la baignade ou la sieste sur une pierre. Aujourd'hui, le dragon de Komodo serait un digne héritier des dinosaures. C'est en tout cas la conclusion découlant des analyses de ce modèle liant la taille d'un animal à la quantité de nourriture ingérée.

Cette discussion n'est pas si anodine. Elle ouvre en effet la voie à d'autres interrogations, notamment sur la disparition des dinosaures il y a quelque 65 millions d'années. Si ces derniers ont le sang chaud, l'hypothèse d'un brutal changement climatique expliquant leur disparition devient caduque. En effet, leur métabolisme leur aurait alors permis de survivre aux chocs thermiques, contrairement aux animaux à sang froid.

Principales hypothèses avancées pour expliquer cette disparition : la collision avec une météorite et un épisode volcanique majeur. Les géologues ayant confirmé la réelle survenue de ces deux événements, il est probable qu'aucun des deux ne soit à lui seul la cause d'un tel phénomène, mais qu'ils aient tous deux bouleversé le climat, l'air respirable, l'environnement… et causé indirectement (par les incendies, dégagements de poussières, chaleur, émissions toxiques qu'ils ont générés) l'effacement de cette espèce… En tout cas, les experts s'accordent à dire que l'extinction fut massive, mais non totale (40 % des dinosaures auraient survécu avant de s'éteindre). En outre, pour certains représentants de l'espèce, elle avait commencé bien avant la chute de la météorite ou l'explosion volcanique. Après s'être bagarrés durant les années 1980 et 1990 à propos de la disparition des dinosaures, les paléontologues préfèrent maintenant se chamailler au sujet de leur mode de vie… C'est en tout cas la conclusion à laquelle est arrivé le musée de paléontologie de l'université de Californie sur son site Internet[1].

---

1. www.ucmp.berkeley.edu

DUNES

Qu'est-ce qui fait chanter le sable du désert ?

Dans les déserts de dunes, au Maroc, en Algérie, au Chili ou en Californie, de curieux sons se font entendre. Ils sont graves (110 hertz de fréquence[1]), puissants (110 décibels, comparables à l'ambiance d'une discothèque) et prolongés (parfois plus d'une minute). Au XIIIe siècle, l'explorateur Marco Polo en faisait déjà état dans ses récits de voyage. De nos jours, les « chants » de dunes sont au programme des excursions touristiques. Selon les lieux (et les témoins), ces dernières grondent, mugissent, gémissent ou même roucoulent. Et pour ceux qui n'ont pas la chance de parcourir les vastes étendues de sable que compte notre planète, plusieurs sites Internet proposent des enregistrements de ces sons mystérieux[2]. Leur origine reste inexpliquée. Pourtant, depuis le début des années 2000, pas moins de trois équipes de chercheurs se penchent sur le problème. L'une est américaine, conduite par Melanie Hunt de l'Institut de technologie de Californie (plus connu sous le nom de Caltech). Les deux autres sont françaises : celle de Bruno Andreotti (université Paris-VII et École

---

1. La fréquence d'un son, exprimée en hertz, correspond au nombre d'oscillations par seconde de l'onde acoustique. L'oreille humaine les perçoit entre 20 hertz (sons graves) et 20 000 hertz (sons aigus).
2. Bruno Andreotti : www.pmmh.espci.fr/fr/morphodynamique. Stéphane Douady : lps.ens.fr/douady. Melanie Hunt : www.its.caltech.edu/~nmvriend/research/

supérieure de physique et chimie) et celle de Stéphane Douady (CNRS et université Paris-VII).

Les explications simplistes ont été écartées. Par exemple, le vent ne peut en rien expliquer ces phénomènes. En effet, même quand Éole ne souffle pas, les sons se font entendre. Par ailleurs, ceux-ci ne sont aucunement comparables aux bruits produits par les avalanches d'origine neigeuse. Ils ne résultent donc pas des glissements et crissements d'une plaque de sable sur une autre.

Alors, qu'est-ce qui fait « chanter » les dunes ? Selon Stéphane Douady, il faut chercher la réponse à l'échelle microscopique des grains de sable. Cette musique naturelle résulterait de l'amplification des sons émis pendant la chute de corpuscules. En effet, lors d'une coulée de sable, les minuscules grains, d'une centaine de micromètres de diamètre environ, s'entrechoquent en tombant. Leur taille est homogène et les contacts produisent des sons de même fréquence. Or c'est justement celle qu'on perçoit ! En outre, les expériences ont démontré que plus les grains sont petits, plus cette fréquence est élevée et moins le son émis est grave. Pour Stéphane Douady, une onde acoustique se propageant dans la dune est donc à l'origine de l'amplification qui conduit les grains de sable à synchroniser leur mouvement.

Pour Melanie Hunt, la chute et la taille des grains ne peuvent expliquer ce chant des dunes. La chercheuse américaine met en avant un phénomène de vibrations, un effet « tambour ». Une dune est en effet composée de strates successives aux propriétés acoustiques différentes. Au sein de chacune des couches de sable, les ondes ne se propagent pas à la même vitesse et certaines de ces strates ont une taille suffisante pour constituer des cavités amplificatrices (ou résonantes) accordées à la fréquence audible de l'extérieur !

Quant à Bruno Andreotti, il a longtemps défendu un modèle proche de celui de Douady mais, en décembre 2009, il a proposé une nouvelle partition pour le chant des dunes. Désormais, il n'invoque plus la synchronisation des particules de sable, mais un mécanisme semblable à celui qui a cours lors de l'écoulement de grains de céréales dans un silo. Quant à Stéphane Douady, il fourbirait ses armes pour avancer… une cinquième hypothèse !

Décidément, cette recherche est bien loin d'être désertique.

EAU

Peut-elle rester liquide à -100 °C ?

A priori, rien de plus simple que l'eau. Un liquide transparent, inodore, sans saveur. Même chimiquement, c'est assez insipide. Trois atomes seulement parmi les plus basiques : deux d'hydrogène (le plus léger des atomes) et un d'oxygène réduits à la célèbre formule H_2O.

Malgré cette apparente simplicité, les physiciens et chimistes nagent un peu en eau trouble.

Ainsi, sous une température et une pression ordinaires, et si seuls ces trois atomes menaient la danse, l'eau ne devrait pas se trouver à l'état liquide, mais... gazeux ! Autant le dire : difficile d'envisager une quelconque forme de vie si notre planète bleue était en fait un royaume de vapeurs d'eau. Heureusement, les scientifiques ont résolu ce premier mystère. Ils ont découvert le rôle ténu mais néanmoins primordial d'un type de liaison chimique : la liaison hydrogène. Celle-ci relie faiblement (mais suffisamment) un atome d'hydrogène d'une molécule d'eau à un atome d'oxygène d'une voisine molécule d'eau. De proche en proche, toutes ces molécules H_2O se « prennent par la main » et adoptent une structure pyramidale, atteignant quasiment la perfection du cristal. Plus structurée qu'un gaz, l'eau est donc liquide.

Rien n'est simple, et un deuxième problème est vite apparu : ces liaisons sont si fortes que l'eau devrait alors être un glaçon ! Et la vie ne serait guère possible non plus sur une Terre complètement gelée. *Bis repetita placent* :

ce nouveau mystère a lui aussi été résolu. Les scientifiques ont découvert que ces liaisons se défaisaient et se refaisaient plusieurs milliers de fois par nanoseconde (une nanoseconde vaut un milliardième de seconde, ou 10^{-9} seconde), affaiblissant la cohésion d'ensemble et rendant l'eau liquide (à température ordinaire).

En découvrant ces liaisons hydrogène assez versatiles, les chercheurs ont pu expliquer le comportement si particulier de l'eau et le comparer à celui d'autres molécules, même fort semblables. Ainsi, quand l'eau gèle, elle augmente de volume, tandis que les autres liquides ont tendance à se contracter. Cela explique pourquoi un glaçon flotte sur l'eau. Et l'on sait maintenant pourquoi la glace dissout si bien les sels, ou encore pourquoi elle a une si grande capacité calorifique[1], bien utile dans les océans en matière de régulation du climat…

Tout serait-il donc parfait ? Pas vraiment. Les physiciens ne savent tout simplement pas quelle est la structure de l'eau entre environ -120 °C et -42 °C ! Liquide, solide ? Autre chose ? Que se passe-t-il dans cette zone baptisée « no man's land » ?

À ces températures, l'eau gèle : cela semble évident au commun des mortels. Méfions-nous cependant du bon sens. En effet, les scientifiques ont réussi à conserver de l'eau à l'état liquide jusqu'à -42 °C ! En fait, l'eau ne gèle pas au-delà d'une température « seuil », mais en raison d'instabilités, telles des impuretés ou des rugosités présentes sur les parois d'un récipient. Toute la question est donc de savoir s'il est possible de battre ce record et de descendre au-delà de -42 °C. Mystère… Les records ne sont évidemment pas la seule motivation des chercheurs. Ils ont découvert qu'en baissant la température de 0 vers -40 °C, l'eau ne se comportait pas comme ils l'avaient

1. C'est la capacité à emmagasiner et restituer de la chaleur lorsque la température varie.

prévu : au lieu de se contracter, elle se dilate et toutes ses propriétés thermodynamiques s'affolent. L'eau semble stocker de plus en plus de chaleur ou devenir de plus en plus compressible ! Pour un chercheur, ce comportement atypique ne peut demeurer incompris.

À l'autre bout du thermomètre, ce n'est guère mieux. Lorsqu'on chauffe petit à petit une glace très froide, vers -140 °C par exemple, l'eau se transforme en… verre ! C'est un état particulier, ni liquide ni solide et dit « amorphe ». L'eau est alors un liquide qui ne s'écoule pas, ou un solide désordonné. Apparemment exotique, cet état est très courant dans l'espace.

Lorsqu'on chauffe cette eau amorphe de -140 °C à -120 °C, le verre laisse place à la glace. C'est l'autre frontière du « no man's land ». Pourrait-on dépasser ce seuil et maintenir cet état de verre ? Là encore, mystère, d'autant qu'un phénomène amusant se produit : à ces très basses températures, on observe non pas un verre, mais deux verres dont les densités diffèrent. L'un des deux est même plus lourd que la glace et il coule[1].

L'eau, dans le « no man's land », est-elle liquide ? amorphe ? Pour élucider ce mystère, les thèses les plus folles circulent. N'y aurait-il pas deux liquides mélangés, comme il y a deux phases amorphes ? D'aucuns imaginent que l'eau pourrait en fait être composée de deux liquides de densités différentes, l'un étant plus lourd que l'autre. À température ambiante, ce curieux mélange disparaîtrait. C'est sérieux ! Des simulations numériques le confirment. Mieux : en 2008, une équipe de scientifiques du MIT dirigée par Chia-Cheng Chen est semble-t-il parvenue à pénétrer dans le « no man's land ». Selon ces chercheurs, l'eau pourrait rester liquide jusqu'à -113 °C

---

1. Ce dernier coule à la condition de le placer dans de l'eau à l'état liquide, ce qui n'est justement pas réalisable expérimentalement à ces températures.

et la thèse de la présence de deux liquides est accréditée. Problème : ces explorateurs ont utilisé une eau circulant dans de microscopiques tuyaux de moins de deux nanomètres de diamètre. À ces échelles infimes, on n'a plus vraiment affaire à de l'eau « ordinaire ». En outre, personne n'est en mesure d'expliquer la densité de « leur » eau, ce qui complexifie encore le débat.

Avant que les spéculations sur sa nature ne cessent, l'eau risque encore de couler bien longtemps sous les ponts.

ÉNERGIE NOIRE

D'où vient la force qui accélère l'expansion de l'univers ?

Les sciences physiques se confondent parfois avec la science-fiction. Comme dans *La Guerre des étoiles*, les spécialistes de l'univers sont aux prises avec une mystérieuse force.

L'affrontement est récent. L'issue incertaine. Le combat a commencé en 1998. À l'époque, des astronomes étudiant la lumière issue de supernovæ[1] découvrent que l'expansion de l'univers est en train de s'accélérer, contrairement à ce que l'on pensait jusqu'alors. La vulgate prédisait plutôt un ralentissement, voire un effondrement de l'univers sur lui-même en un gigantesque Big Crunch.

Vous l'ignoriez peut-être, mais l'univers est en expansion depuis sa naissance. À la manière d'un ballon, il gonfle et gonfle encore ; les galaxies, telles des taches dessinées sur le ballon, s'éloignent les unes des autres. En 1929, l'astronome Edwin Hubble avait quantifié ce phénomène et observé que toutes les galaxies semblaient s'éloigner à la même vitesse.

Quelque soixante-dix ans plus tard, grande fut donc la surprise de constater qu'une force, baptisée « énergie noire », s'oppose à la gravitation et éloigne de plus en plus les étoiles et les galaxies les unes des autres…

---

1. Les supernovæ sont des explosions stellaires très lumineuses. La mesure de leur luminosité renseigne sur leur éloignement. Elles sont donc des balises très précises pour mesurer des distances dans l'univers.

Notre fin n'est plus le Big Crunch, mais plutôt la Grande Dislocation.

Évidemment, nous ne sommes pas dans une fiction : nous n'échapperons pas à notre destin, mais aimerions néanmoins connaître l'origine de l'énergie noire. C'est déjà toute une aventure, tant les hypothèses sont nombreuses. De deux choses l'une : soit les grands principes cosmologiques sont à mettre à la poubelle, soit il faut avoir recours à une nouvelle physique. Aujourd'hui, rien n'est tranché.

Du côté des grands principes, rien n'interdit de toucher à la relativité générale, donc à l'action de la gravitation. Après tout, cette théorie pourrait ne pas être valide à si grande échelle. Des physiciens ont donc tenté d'en modifier les lois, jamais remises en question jusqu'à présent. Première conséquence de ces travaux : l'apparition d'une cinquième force, qui s'ajoute aux quatre autres déjà présentes dans la nature. Deuxième observation : cette force devrait se faire sentir à nos échelles, ce qui n'est pas le cas pour l'instant (ou n'a pas pu être mesuré)… Un problème apparaît enfin : la difficulté de tester expérimentalement les prévisions de ces modèles.

Une autre hypothèse de recherche vise à mettre en doute un autre grand pilier de la cosmologie. En effet, les modèles actuels sont établis à partir d'un postulat : l'univers serait homogène et isotrope (c'est-à-dire identique dans toutes les directions). En particulier, notre galaxie n'occuperait pas une place privilégiée au sein de l'univers. Si ce principe était remis en question, alors toutes les équations seraient à revoir et leur correction pourrait expliquer cet effet d'accélération, qui ne serait en fait qu'une « illusion ».

Du côté de la nouvelle physique, l'imagination n'est pas en reste. On a longtemps pensé que l'énergie du vide ferait l'affaire, car en physique le vide n'est pas vraiment vide (voir p. 271). Les incessantes créations et disparitions de particules sont à l'origine de forces qui pourraient s'opposer à la gravité. Hélas ! une fois tous les calculs effectués, les scientifiques ont constaté que cette énergie du vide pourrait bien être plus importante que celle observée. Pas de dix fois, ni d'un million, mais de 10^{30} ! Un « 1 » suivi de trente « 0 ». Sous l'effet de cette force, l'univers aurait déjà dû se déchirer depuis belle lurette…

Un autre concept est né, baptisé « Quintessence »… C'est, pour rester dans la métaphore cinématographique, une sorte de cinquième élément. Il se caractérise par l'absence d'interaction avec notre matière ordinaire, mais exerce une sorte de pression négative sur l'univers. Cette théorie pose moult questions et demeure difficile à tester expérimentalement.

Ironie de l'histoire : Albert Einstein avait implicitement évoqué l'existence de cette force mystérieuse. Ses équations d'évolution de l'univers introduisaient une constante correspondant justement à l'effet observé aujourd'hui. Mais le physicien l'avait finalement escamotée, car elle impliquait l'existence d'un univers non statique, qui ne correspondait guère aux observations des astronomes. Einstein a fait une erreur et cela ennuie tout le monde.

ESPACE

A-t-il plus de trois dimensions ?

Imaginons une fourmi obligée de se déplacer sur un fil sans pouvoir sauter. On la doterait en outre d'œillères l'empêchant même de regarder à droite et à gauche, en haut ou en bas. La vie ne serait pas très gaie. L'insecte passerait son temps à faire des allers-retours (sans se retourner car c'est interdit !) dans un monde étriqué. Mathématiquement parlant, l'espace de la fourmi n'aurait alors qu'une seule dimension.

Ôtons-lui ses œillères et posons la petite bête sur la feuille que vous êtes en train de lire. Un monde nouveau s'ouvre à elle. Non seulement elle peut continuer ses trajets rectilignes et monotones si elle le souhaite, mais elle a maintenant la possibilité de faire demi-tour, d'explorer des aires bien plus vastes. L'espace n'a pourtant que deux dimensions. Malgré cette nouvelle liberté, deux axes suffisent à établir toutes les positions de l'insecte…

Les mœurs étranges de ces petites bêtes ont été admirablement décrites par William Abbot dans un récit de science-fiction mathématique, *Flatland*[1], paru en 1884. La fourmi vit en pays plat, ne perçoit que des lignes droites ou des points… En tous cas, aucune courbe. Plus étonnant, si un vaisseau extraterrestre sphérique venait à se poser sur Flatland, ses habitantes médusées observeraient d'abord un point (non une sphère), puis un trait allant

1. www.ebooksgratuits.com/newsendbook.php ?id=912&format=pdf

croissant avant de rétrécir et de se mouvoir en un nouveau point[1]...

Autorisons alors la fourmi à lever la tête, sauter, gravir des montagnes, des escaliers... Un monde encore plus riche s'ouvre. Le mystère du vaisseau extraterrestre sphérique s'évanouit : sa rotondité devient visible. Comme notre espace, ce nouvel environnement possède trois dimensions. Trois axes et trois coordonnées (longitude, latitude et altitude pour les voyageurs, ou hauteur, largeur, longueur pour les bricoleurs) permettent de marquer chaque point. Se peut-il que nous voyions alors des choses qui ne soient que la projection ou l'ombre d'objets plus « grands », comme les habitants de Flatland ? Pour le savoir, il faudrait être doté d'une sorte de sixième sens, plus précisément de la capacité d'observer avec un certain recul nos trois dimensions... Cette quatrième dimension existe-t-elle ? En tout cas, ce concept n'a pas rebuté les physiciens et les mathématiciens. Mieux : ils ont imaginé des mondes réels de quatre à vingt-six dimensions[2]...

Toute la difficulté réside dans la possibilité de prouver l'existence de ces dimensions supplémentaires.

Mettons de côté la question du temps, une dimension un peu particulière (selon Einstein dans ses théories de la relativité, notre espace possède en fait quatre dimensions si on prend en compte le temps[3]), et ne parlons que des dimensions spatiales.

---

1. Les lecteurs de *Flatland* ou les plus perspicaces d'entre vous auront remarqué que ce phénomène correspond en fait à la description de l'intersection d'une sphère et d'un plan lorsque la première traverse tout le plan, ou bien lorsqu'on a le nez sur la feuille... N'oubliez pas qu'à Flatland, regarder en l'air est interdit. On voit d'abord un point, puis une droite qui grandit et rétrécit. Et finalement un dernier point.
2. En fait, les mathématiciens peuvent très bien décrire des mondes à bien plus de vingt-six dimensions.
3. Des théoriciens ont même élaboré des modèles à deux dimensions de temps, mais c'est déjà assez compliqué comme cela !

Mathématiquement, ajouter des dimensions est bien commode. Cela revient à ajouter une pièce dans un appartement : on s'y sent moins à l'étroit. Des problèmes complexes peuvent se révéler plus simples à résoudre en augmentant le nombre de dimensions, mais ce commode artifice de calcul peut aussi avoir une réalité bien tangible. Peu après la révolution causée par la théorie de la relativité restreinte d'Einstein (1905), un physicien allemand, Theodor Kaluza, a tenté de réconcilier les forces électromagnétiques et la gravitation[1] en ajoutant une dimension spatiale. Sa tentative n'a guère été concluante, puisqu'elle a conduit à un résultat étrange : l'égalité de l'intensité des deux forces. Or, comme nous le verrons, ces forces sont vraiment très différentes.

Toutefois, cela n'a pas empêché un autre physicien, Oskar Klein, d'expliquer pourquoi cette dimension supplémentaire pourrait être invisible (si elle existait). Elle serait « tout simplement » enroulée très finement dans l'espace à trois dimensions. Comme si, dans chaque maille de pull-over se trouvaient enroulées de mini-pelotes de laine invisibles à l'œil nu. La quatrième dimension pourrait donc se trouver là, sans qu'on puisse la détecter.

Plus de soixante ans après cette proposition hardie, l'idée a resurgi dans les théories contemporaines. Les physiciens ont en effet élaboré l'ébauche d'une théorie unifiant la gravitation avec les autres forces de la nature (voir p. 251). Mathématiquement, cette théorie dite « des cordes » impose que l'espace possède neuf, dix ou… vingt-six dimensions. Ici, c'est la possible existence d'une

1. Quatre forces sont présentes dans la nature. Les deux plus communes sont l'électromagnétisme et la gravitation. La première agit sur les particules chargées ou magnétiques. La deuxième sur les objets ayant une masse. C'est cette dernière qui fait tourner la Lune autour de la Terre (voir aussi p. 245).

dimension supplémentaire qui nous importe ; les autres dimensions ne sont que raffinements de la théorie.

Deux schémas peuvent permettre d'expliquer le caractère invisible de cette dimension. Soit, comme l'avait imaginé Klein, elle est enroulée dans les autres dimensions, peut-être à des tailles de l'ordre de 10^{-34} mètre (rappelons qu'un atome mesure 10^{-10} mètre), soit, comme l'ont suggéré en 1999 les Américains Lisa Randall et Raman Sundrum, elle est potentiellement très vaste, mais seules des particules et des forces un peu spéciales sont autorisées à y circuler ; en l'occurrence, les photons, qui portent la lumière, n'y passeraient pas. C'est un peu comme si certaines fourmis initiées pouvaient seules accéder à une dimension leur permettant d'observer leurs congénères, quant à elles irrémédiablement « scotchées » à leur feuille. Une variante a d'ailleurs été élaborée, qui connecte deux univers « plats » parallèles par une cinquième dimension.

Malgré l'étrangeté de telles suggestions, des indices de la présence d'une dimension supplémentaire seraient finalement décelables sur notre maigre espace. Un peu comme les habitants de Flatland peuvent deviner, sans lever la tête, ce qui leur tombe dessus grâce à quelques mesures *ad hoc* (et une sacrée imagination !).

On peut, par exemple, s'intéresser au comportement de la force de gravitation, puisqu'elle est la seule à pouvoir profiter de cette liberté supplémentaire.

Ainsi, selon certains physiciens, si l'on étudie l'attraction gravitationnelle entre deux objets vraiment très proches, on peut réaliser des mesures inexplicables s'écartant de la célèbre loi de Newton, laquelle règle l'attraction des corps. Pour l'instant, jusqu'à des distances de l'ordre de la centaine de micromètres, aucune anomalie n'a été détectée. Newton résiste, mais pour combien de temps ?

Autre idée : fournir beaucoup d'énergie en faisant s'entrechoquer des particules. De cette collision violente pourraient surgir des particules à même de « fuir » dans la fameuse quatrième dimension de l'espace… Les expérimentateurs ne pourraient évidemment par les voir, mais seraient peut-être capables de déceler cette fuite. D'autres modèles prédisent que ces particules extradimensionnaires pourraient donner naissance à des particules de notre monde…

Pour découvrir l'ombre de la queue de la quatrième dimension, beaucoup de savants placent tous leurs espoirs dans l'accélérateur de particules du Cern, le LHC.

En prouvant enfin l'existence d'une autre dimension, on réglerait bien des problèmes scientifiques. Par exemple, pourquoi la force de gravitation est-elle si faible par rapport aux autres forces ? « Si faible » signifie qu'entre deux électrons, l'attraction gravitationnelle est 10^{40} fois moins forte que la force électromagnétique ! La présence d'une dimension supplémentaire expliquerait cet énorme fossé[1]. En fait, notre monde ne « sent » pas toute sa force ; il en ressent seulement l'ombre. Et si l'ombre de la tour Eiffel au soleil couchant est bien plus impressionnante qu'à midi, il faut encore pouvoir la regarder… Une force de gravitation monumentale plane peut-être au-dessus de nous, mais nous ne sommes encore que des fourmis tentant de lever la tête.

1. Pour se faire une idée des dimensions supplémentaires, voir le film de mathématiques : www.dimensions-math.org/Dim_fr.htm

FEUILLES D'AUTOMNE

Pourquoi certaines sont-elles jaunes et d'autres rouges ?

Chaque année, c'est la même chose : à l'automne, avant de perdre leurs feuilles, les arbres se parent de chatoyants jaunes, oranges, rouges, bruns... Tout cela est bien beau, mais comment expliquer une telle diversité de couleurs ? Ce foisonnement aurait-il un sens ? Si ce n'était que la marque d'une dégénérescence, comme pour les cheveux des humains, alors toutes les feuilles devraient subir le même destin et virer au marron lorsque leurs cellules meurent. Chimiquement, la disparition de la couleur verte n'est pas très mystérieuse. Elle correspond à la dégradation des pigments chlorophylliens indispensables à la photosynthèse[1]. Le vert « mourant », les feuilles passent alors au jaune-orange, couleur associée à d'autres pigments, les caroténoïdes[2], jusqu'alors dominés par la chlorophylle.

Cependant, ce phénomène n'explique pas pourquoi certains arbres comme *Prunus padus* (un cerisiser), *Sorbus aucuparia* (un sorbier), ou *Acer platanoides* (un érable) virent au rouge. En fait, le responsable a été

1. La photosynthèse est le processus qui permet à la plante de fabriquer son énergie à partir du dioxyde de carbone (CO_2) de l'atmosphère et de la lumière. La chlorophylle est le lieu de cette transformation chimique.

2. Ce sont des antioxydants qui protègent la chlorophylle de l'oxydation. Les plus connus sont le lycopène ou le bêta-carotène.

identifié. Il s'agit d'une autre famille de molécules, les anthocyanes. Toutefois, contrairement aux molécules précitées, elles ne sont pas sécrétées dans la feuille au printemps et en été, mais sont produites à l'automne. Pourquoi un organisme en train de « mourir » fait-il l'effort de produire une molécule, alors même que la chute des températures affaiblit son système de production d'énergie, la photosynthèse ?

Sur le sujet, les discussions sont très bigarrées. Dans un article paru en juin 2009, deux spécialistes, un Finlandais (Jarmo Holopainen) et un Israélien (Simcha Lev-Yadun), ont dénombré pas moins de quatre-vingts articles tentant de percer le secret de la couleur des feuilles d'automne... Deux camps s'opposent. D'un côté, les partisans de l'hypothèse physiologique : le rouge fait du bien à l'arbre, un peu comme un petit verre de bordeaux aurait moult vertus chez les êtres humains (cette comparaison n'est pas fortuite, nous le verrons). De l'autre côté, les défenseurs d'une coévolution arbre-insecte : le rouge, tel un drapeau d'alerte, repousserait les herbivores dévoreurs de plantes.

L'hypothèse physiologique a été émise dès le XIXe siècle. Selon ses partisans, la couleur rouge des feuilles absorbe mieux la lumière et fait donc écran au processus habituellement vital pour l'arbre. À l'automne, en effet, lorsque la température baisse et que meurent les cellules actives dans la photosynthèse, le soleil constitue une agression pour la plante. Dans les années 2000, des mesures plus précises ont confirmé que les anthocyanes produites à l'automne font bien écran à la lumière. Les feuilles rouges apparaissent moins « stressées » que les jaunes après la période estivale. Mais d'autres articles ne confirment pas cet effet photoprotecteur. En outre, d'autres molécules peuvent faire écran et ne sont pas associées à une couleur rouge.

Les anthocyanes seraient également d'efficaces antioxydants, limitant les effets délétères des différents radicaux libres[1] qui ne manquent pas d'apparaître à l'automne et détruisent les cellules de l'arbre. Or la lumière est un très bon activant des radicaux libres. La plante doit donc faire face à cette adversité. Mais là encore, des résultats contradictoires ont été obtenus depuis 2000. Certaines équipes montrent bien un effet antioxydant des anthocyanes (comme dans le vin rouge, où la controverse existe aussi !) ; d'autres non. Pour ne rien arranger, les feuilles rouges ne sont pas toujours des feuilles mortes !

Personne n'a encore mis au jour le mécanisme biochimique permettant d'expliquer la production de ces molécules. Et peut-être toutes les théories ici exposées ont-elles une part de validité ?

Cette incertitude a conduit certains scientifiques à émettre une autre hypothèse, qui prend en compte le rôle des insectes herbivores grignoteurs de feuilles. En 2000, l'Italien Marco Archetti élabore un modèle et des simulations par ordinateur. Comme dans un jeu vidéo, des insectes colonisent des forêts ; les arbres essaient de se défendre. À la fin, les arbres arborent une couleur rouge, conséquence de cette coévolution. Explication avancée : les arbres auraient intérêt à limiter le nombre de leurs « prédateurs » pour assurer leur survie. Au contraire, ces derniers auraient intérêt à choisir les arbres les plus vigoureux pour y pondre leurs œufs. Les feuilles rouges seraient alors un signal de mauvaise santé envoyé par l'arbre pour repousser ses prédateurs.

Cinq ans plus tard, ce chercheur a confirmé son hypothèse en réalisant une étude de terrain sur une variété de pruniers. Bilan : il y aurait moins d'insectes sur les arbres à feuilles rouges qu'à feuillage vert.

Problème : les insectes ne voient pas le rouge… Plus exactement, il est difficile de mesurer l'attirance d'un

1. Les radicaux libres sont des espèces chimiques très réactives ayant tendance à détruire leurs congénères dans les cellules.

insecte pour une couleur qu'un humain qualifierait de rouge. En 2006 et 2007, deux études ont été menées, dont les résultats se sont révélés contradictoires. L'une établit que les insectes ne font pas de différence entre le rouge et le vert sous la lumière artificielle, l'autre prouve le contraire…

Bien d'autres systèmes d'interactions mutuelles entre arbres et insectes ont été envisagés. Par exemple, le rouge affaiblirait les capacités de camouflage de ces derniers (surtout doués pour s'adapter au vert). On a également parlé de ménage à trois : les arbres attireraient certaines espèces qui appâtent des araignées, elles-mêmes prédatrices d'herbivores…

En tout état de cause, il est pour l'heure impossible d'attester un quelconque avantage en faveur des insectes colonisant un arbre à feuilles non rouges.

À l'été 2009, Simcha Lev-Yadun et Jarmo Holopainen sont venus nourrir la thèse de la coévolution avec un nouvel argument. Ici, point d'interrogation sur le pourquoi de la couleur rouge, mais plutôt sur un phénomène que le lecteur voyageur n'aura pas manqué de constater : il y a plus d'espèces aux feuilles rouges en automne en Amérique du Nord qu'en Europe. Les auteurs ont recensé vingt-quatre variétés à feuilles rouges sur notre continent (quatre seulement en Europe du Nord) pour quatre-vingt-neuf en Amérique du Nord. Pourquoi ?

Selon eux, la réponse se trouve dans la longue histoire de ces végétaux. Au « commencement » (il y a plus de 35 millions d'années), les arbres étaient plutôt de nature tropicale, comme le climat. Au gré des réchauffements et glaciations, des espèces à feuilles caduques sont apparues. Le grand combat entre les arbres et les insectes aurait alors commencé, ayant pour conséquence l'apparition de feuilles rouges en automne. Il y a quelque trois millions d'années, une nouvelle période de glaciation aurait « repoussé » les arbres vers les régions situées au sud, plus chaudes. Hélas pour les espèces européennes, les chaînes alpines et d'autres massifs sont orientés est-ouest et auraient bloqué les migrations (les arbres ne marchent pas, j'en conviens…). Mais le phénomène n'aurait pas atteint l'Amérique du Nord, où les montagnes sont plutôt orientées nord-sud. Ce refroidissement aurait bien sûr affecté les insectes. Conséquence : sur le Vieux Continent, les arbres qui avaient développé une sorte de résistance aux insectes auraient disparu. Et lorsque des climats plus cléments seraient réapparus, seules des espèces à feuilles jaunes auraient subsisté. Au contraire, en Amérique, les espèces à feuilles rouges auraient survécu, d'où cette répartition actuelle différente sur les deux continents.

Cette théorie, exposée rapidement, s'appuie évidemment sur des données génétiques et accrédite la thèse de la coévolution. Bien évidemment, elle n'est pas moins contestée que les précédentes. L'histoire décrite par les deux scientifiques est très simplifiée. En Europe, on sait par exemple que la zone du pourtour méditerranéen a certainement joué un rôle plus important que les chaînes de montagnes en ce qui concerne répartition et nature des espèces. En outre, dans les territoires européens septentrionaux, des arbustes aux feuilles rouges ont survécu. Les auteurs justifient ces exceptions en arguant que les arbustes ne sont pas des arbres et qu'en raison de leur petite taille et de l'implantation de leurs feuilles, ils peuvent mieux se protéger des grands froids. En suivant leur raisonnement, cette résistance et cette longévité auraient dû, comme en Amérique, préserver la diversité des insectes. Or ce n'est pas le cas…

Les chercheurs n'ont donc pas fini d'arpenter les bois, les forêts et leurs laboratoires en quête d'une réponse. Dans un article paru en janvier 2009, une dizaine d'entre eux (parmi les plus impliqués et comptant les incontournables Marco Archetti et Simcha Lev-Yadun) ont tenté une synthèse de l'état des connaissances. En guise de conclusion, ils ont répertorié une dizaine de grands chantiers à mettre en œuvre. Parmi eux : la nécessité de résoudre les contradictions en menant des expériences plus poussées, de déterminer quels avantages et inconvénients réels tirent les arbres et insectes de leur supposée coévolution, de vérifier si le rouge est un signal perceptible par ces derniers…

On n'a pas fini de gratter des feuilles de papier pour résoudre ce mystère qui, tous les ans, vient nous narguer.

GAUCHERS

Pourquoi ne sommes-nous pas tous droitiers ?

Lorsque cette question est lancée, immédiatement une autre suit : « Pourquoi donc n'y aurait-il pas de gauchers ? » En effet, à quoi bon s'interroger sur l'existence de ce comportement *a priori* anodin. Mais à parcourir l'abondante littérature sur le sujet, il semble bien que la question soit pertinente. Étude de la proportion de gauchers chez les sportifs ; corrélation entre salaire et usage de la main droite ou gauche ; orientation sexuelle selon la latéralité ; longévité des gauchers comparée à celle des droitiers et même choix du pouce sucé par un fœtus dans le ventre de sa mère… tout y passe.

En fait, si l'usage d'une main plutôt que d'une autre était sans importance, « neutre » disent les spécialistes, alors nous pourrions nous attendre à une répartition aléatoire des préférences manuelles dans le temps et/ou dans l'espace… Or, historiquement et géographiquement, ce n'est guère observé. Ainsi, en 2004, Michel Raymond, de l'Institut des sciences de l'évolution de Montpellier, constatait que, dans quatorze pays développés, la proportion de gauchers varie de 3 % à 26 %. L'année suivante, certains de ses collègues établissaient des pourcentages quasi identiques pour des sociétés traditionnelles d'Afrique. Même durant la préhistoire, des indices suggèrent une proportion plus élevée de droitiers que de gauchers. Sur les fresques du paléolithique supérieur (une période s'étalant sur 20 000 ans environ et qui a débuté il y a 30 000 ans) affichant des empreintes de mains en « négatif », on compte plus de mains gauches que de droites ; cela tend à prouver que les artistes étaient majoritairement droitiers.

Il semble donc que les gauchers « résistent », mais restent minoritaires. Pour les évolutionnistes, c'est la marque d'un caractère non neutre, c'est-à-dire un trait variable, soumis aux lois de l'héritabilité et de la sélection naturelle[1]… Reste donc à estimer les coûts et bénéfices d'être gaucher (ou droitier) pour estimer les pressions de sélection, responsables de cette évolution.

Dans une récente compilation critique de la littérature scientifique parue en 2009, l'équipe de Michel Raymond a recensé les avantages et inconvénients d'une telle particularité.

Il semble que les gauchers aient un avantage stratégique dans les situations de combat, comme s'ils profitaient d'un « effet de surprise ». Aujourd'hui, on observe ce phénomène chez les tennismen ou les boxeurs. Parmi les joueurs de haut niveau, la proportion de gauchers est très supérieure à ce qu'elle est dans la population générale. Dans plusieurs sociétés traditionnelles, on a établi une corrélation entre la proportion importante de gauchers et d'homicides. Dans des situations violentes, les gauchers seraient donc avantagés. Mais cet avantage n'est que relatif : il dépend uniquement de la faible proportion des gauchers. Si cette dernière augmente, l'effet de surprise s'atténue et ce bénéfice disparaît. Les gauchers sont alors désavantagés. Leur fréquence baisse, et ainsi de suite…

1. Au contraire, un caractère « neutre » subit les lois de l'évolution, c'est-à-dire que sa fréquence dans les populations varie. En revanche, il ne subit pas les forces de sélection naturelle qui conduisent à un « tri » des individus les plus aptes à se reproduire ou à survivre.

En outre, les gauchers auraient un QI plus élevé, de meilleurs salaires (ils gagneraient en moyenne 4 % de plus que les droitiers) et seraient plus créatifs. Autant de traits qui favorisent le succès reproducteur d'un individu, pour parler comme les évolutionnistes. Pour l'instant, les mécanismes sous-tendant ces « réussites » n'ont guère été identifiés.

En matière d'inconvénients, c'est encore moins clair !

Plusieurs raisons prévalent dans l'utilisation d'une main plutôt que d'une autre. Cela peut être culturel, génétique, biologique et plus sûrement tout cela à la fois.

L'aspect culturel est bien connu. L'enfant peut imiter la préférence manuelle de sa mère. Des sociétés peuvent exercer une pression sociale (notamment à l'école) pour orienter le choix d'un individu. Des recherches ont montré qu'il y avait plus d'enfants gauchers nés de couples comptant deux parents gauchers que deux parents droitiers. En 2000, une étude a ainsi permis de constater que 37 % des fils et 45 % des filles de couples gauchers sont gauchers à leur tour, alors que pour un couple de droitiers, ces chiffres sont respectivement de 17 % et 16 %. Par ailleurs, on sait que le nombre de gauchers a augmenté en France depuis que l'école est plus tolérante envers les non-droitiers. Un constat découle de la prise en compte de cet aspect culturel : les gauchers seraient désavantagés dans nos sociétés, conçues pour faciliter l'utilisation des technologies par les droitiers. Les machines et objets qui nous entourent présenteraient des risques supérieurs pour les gauchers. Plusieurs études ont ainsi montré que les gauchers sont plus souvent victimes d'accidents que les droitiers. Mais il semble que le constat vaille aussi dans les sociétés traditionnelles, pourtant beaucoup moins marquées par les asymétries de la technique… L'hypothèse reste donc à valider.

La piste génétique a évidemment été explorée. Des chercheurs ont montré que la cohérence de la préférence manuelle est plus marquée chez les vrais jumeaux (qui ont le même patrimoine génétique) que chez les faux (qui ont un patrimoine génétique différent). De plus, plusieurs études ont identifié des régions du génome humain apparemment impliquées dans le déterminisme de la latéralité manuelle, mais ces régions varient d'une étude à l'autre... En outre, pour le moment, les modèles génétiques de gauchers ne correspondent pas aux proportions de gauchers effectivement observées au sein d'une population donnée.

Autre hypothèse : les gauchers auraient eu une maladie prénatale. Lors du développement de l'embryon, certains facteurs pourraient influencer le poids, le développement du cerveau, le métabolisme... Ce qui conduirait à des latéralités cérébrales distinctes et finalement à des préférences en matière d'utilisation d'une main. Certaines corrélations sont troublantes. Il y aurait presque deux fois plus de schizophrènes ou d'épileptiques gauchers que droitiers. L'Américain Paul Satz, qui a fait ce constat en 1985, met en cause des pathologies cérébrales contractées au cours de la grossesse. De plus, la testostérone présente *in utero* et connue pour son implication dans le développement du système immunitaire pourrait également influer sur la préférence manuelle. Des liens entre stress périnatal, mauvaise oxygénation et latéralité manuelle ont également été mis en évidence. Là encore, pas de cause unique et d'arguments qui ne puissent être contestés.

Outre ces multiples facteurs, génétiques, environnementaux ou hormonaux, l'histoire se complique encore ! En effet, il est très difficile de savoir si l'on est gaucher ou droitier ! Beaucoup d'individus utilisent telle ou telle main selon qu'ils écrivent, jouent au tennis, etc. Et la dextérité des deux mains varie selon les êtres. En fait, l'humanité ne se partage pas nettement entre gauchers et droitiers. Comme en politique ?

GOLDBACH

Tout nombre pair peut-il s'écrire comme la somme de deux nombres premiers ?

C'est sans doute le plus petit mystère (à énoncer !) de ce livre, voire du monde[1] ! Nul besoin ici de définitions ou d'explications alambiquées. Ce mystère est « simple » et n'admet pas de réponse partielle. Est-il la parfaite illustration de la beauté des mathématiques ?

Par souci pédagogique, donnons tout de même quelques précisions. Notre postulat signifie que : 4 = 2 + 2 ; 6 = 3 + 3 ; 12 = 7 + 5 ; 28 = 23 + 5… Et cela fonctionne de manière systématique. 2, 3, 5, 7, 23 sont des nombres premiers, des entiers seulement divisibles par 1 et par eux-mêmes (voir p. 153). Attention ! la décomposition n'est pas unique : 14 peut s'écrire 7 + 7, ou bien 11 + 3 par exemple[2].

---

1. À notre connaissance, le plus petit énoncé d'un « grand » problème mathématique est sans doute celui qui se résume dans la formule quelque peu cryptique, P = NP. Mais celle-ci est bien plus énigmatique que celle de Goldbach, et surtout bien plus compliquée à expliquer. D'ailleurs, ma note serait plus longue que ce chapitre tout entier si je me lançais dans cette explication. J'invite donc le lecteur à consulter la page Internet de l'Institut Clay : claymath.com. En 2000, ledit institut a offert une récompense d'un million de dollars à qui saurait résoudre ce problème.
2. C'est aussi 13 + 1, mais par convention 1 n'est pas considéré comme un nombre premier.

Cette conjecture a été vérifiée jusqu'à des nombres comportant plus d'un milliard de milliards de chiffres… Dans ce genre d'opérations, les ordinateurs ont depuis longtemps remplacé le cerveau humain. En mathématiques, cela ne suffit pourtant pas à *prouver* cette assertion. Il manque un contre-exemple en démontrant la fausseté, ou une démonstration logique l'attestant.

Des mathématiciens, et non des moindres, réfléchissent à cette question depuis près de trois siècles. En 1742, le Prussien Christian Goldbach écrit une lettre à une sommité mathématique de l'époque, le Suisse Leonhard Euler. Il y développe une conjecture proche de celle qui porte aujourd'hui son nom. C'est Euler, qui, dans sa réponse, donne à cette dernière sa forme actuelle[1]. Pourtant, malgré son talent, Euler n'a pas fourni de démonstration.

En fait, on distingue deux conjectures : la « forte », celle dont il est question dans le titre, et la « faible », originellement proposée par Goldbach. Cette dernière établit que tout entier impair peut s'écrire comme somme de trois nombres premiers ; elle est dite « faible », car elle découle en fait de la première. De toute façon, personne n'a réussi à démontrer ces conjectures.

Au XXe siècle, de grands progrès ont pourtant été réalisés. Le Britannique Hardy et son comparse Littlewood se sont frottés au problème et ont proposé une formule donnant le nombre de manières dont tout entier peut se décomposer en somme de deux premiers. Dans les années 1930, le Russe Lev Schnirelman est parvenu à démontrer que tout nombre entier peut se décomposer en au moins… vingt nombres premiers. En 1995, le

1. Certains pensent que Descartes avait également eu l'intuition de cette conjecture et estiment qu'il serait bon de lui faire porter son nom. Cependant, le savant a déjà beaucoup donné à la science et à la philosophie… Ses héritiers peuvent bien laisser quelques miettes aux autres scientifiques.

Français Olivier Ramaré a démontré que l'on pouvait descendre à six nombres... Aujourd'hui, nous en sommes là. La prime d'un million de dollars promise en 2000 n'a donc pas été raflée (de toute façon, le concours a pris fin en 2002).

La simplicité apparente du problème et l'immense difficulté de sa résolution expliquent la fascination exercée par cette conjecture mathématique, célèbre au-delà des cercles d'initiés. On y a souvent recours dans les œuvres de fiction, lorsqu'il s'agit de mettre en scène un mathématicien.

En outre, elle illustre les aspects rassurants et tristes de la science. La simplicité de son exposé la rend rassurante : elle permet à tout un chacun de tenter de la démontrer. Des amateurs de science n'hésitent pas à s'y frotter, rassemblant leurs connaissances scientifiques et mettant en branle leur imagination. Cette vitalité fait plaisir à voir. Cela dit, c'est un peu triste... Que faire en effet des nombreuses démonstrations émanant de ces téméraires mathématiciens qui échouent sur le bureau de journalistes scientifiques ou d'universitaires ? Trouver la faille peut être long et n'apporte guère d'eau au moulin de la science. Sans compter que parfois ces « découvreurs » hésitent à révéler tous les éléments de leur démonstration de peur de se la faire « voler », ou usent d'un style peu académique, très délicat à décrypter. De brillants esprits s'étant vainement attaqués au problème, il paraît peu probable que la solution jaillisse d'amateurs doués...

Petits ou grands mathématiciens, continuez malgré tout !

HERMAPHRODISME

Pourquoi les daurades, les mérous et les poissons-clowns peuvent-ils changer de sexe ?

Aux Jeux olympiques des poissons, il ne ferait pas bon être arbitre en charge de l'identification des catégories mâle et femelle. Si, chez les humains, la sprinteuse sud-africaine Caster Semenya a semé le doute sur sa féminité aux derniers championnats du monde d'athlétisme, les poissons battent les humains à plate couture sur le terrain de la confusion des genres. Chez cette grande famille de vertébrés, le sexe, c'est le bazar !

D'abord, on ne peut pas toujours s'en remettre à des signes extérieurs. En dehors des périodes de reproduction, le thon ou le turbot mâle et femelle ne se distinguent pas facilement. *A contrario*, la baudroie des abysses mâle, d'une dizaine de centimètres, diffère tant de sa femelle, longue d'un mètre, qu'on les a longtemps pensés issus de deux espèces différentes… Dans certains cas, il faut même attendre la reproduction pour savoir qui des deux fournit les œufs et qui le sperme.

La génétique n'apporte pas de solution miracle. Quand les chromosomes sexuels existent chez les poissons, ils varient si peu entre le mâle et la femelle qu'on ne peut s'y référer. Des individus étiquetés « XX » peuvent très bien jouer un rôle mâle ou femelle[1]… À coup d'hormones, les

1. La notation XX désigne deux chromosomes « sexuels » identiques. Chez l'humain, la femelle est XX, possédant une paire identique de chromosomes, tandis que le mâle dispose de chromosomes XY.

éleveurs de poissons ou les chercheurs peuvent masculiniser une femelle et féminiser un mâle. De la sorte, ils créent une population d'un genre homogène, ce qui, dans les élevages, est préférable. Pour les tilapias, les éleveurs privilégieront les femelles, qui grossissent plus vite. Les saumons d'aquaculture sont plutôt des mâles. Et les éleveurs aimeraient tant ne posséder que des femelles esturgeons, dont les œufs permettent de préparer le précieux caviar… Hélas ! aucune technique ne le permet à l'heure actuelle.

La diversité ne s'arrête pas là. Sur environ 30 000 espèces de poissons, 10 % sont hermaphrodites, à l'instar de la daurade ou du poisson-clown (le célèbre Nemo du film d'animation). Cela signifie qu'ils peuvent changer de sexe au cours de leur vie ! Histoire d'ajouter encore à la confusion, certains sont dits « hermaphrodites successifs » et d'autres « simultanés ». Dans le premier cas, l'individu est d'abord mâle, puis (souvent après s'être reproduit) devient femelle ; c'est le cas de la daurade royale, du poisson-clown ou des poissons d'aquarium *Centropyge interruptus*, *Anthias squamipinnis* et Napoléon (encore appelé labre géant ou mara). Dans le second cas, comme chez l'escargot, un poisson dispose tout à la fois des œufs à féconder et du sperme. En général, pour la reproduction, il s'accouple avec l'un de ses congénères, mais, dans certains cas, l'hermaphrodite se reproduit tout seul ! *Rivulus marmoratus*[1] vit dans les mangroves. Lorsque le niveau d'eau baisse, il se réfugie dans les racines (oui, oui, « dans » les racines). Ses conditions de vie devenant alors très difficiles, il opte pour la stratégie du moindre effort et

---

Cependant, de rares cas de chromosomes XY décelés chez la femme ont conduit à l'abandon des tests génétiques chez les athlètes. D'où la polémique sur la sprinteuse sud-africaine.

1. Ce poisson incroyable vient même de changer de nom ! Il s'appelle désormais *Kryptolebias marmoratus*.

limite donc ses contacts avec les autres poissons. Cela dit, il doit œuvrer à la survie de l'espèce ; il féconde donc ses propres œufs qui, fait incroyable, n'incubent pas tout de suite. L'éclosion n'a lieu que lorsque le niveau d'eau remonte. Ainsi, en cas de mort des parents, la descendance est assurée. Dernier détail : quand tout va bien pour *Rivulus*, il apprécie de s'accoupler ! À lui tout seul, ce poisson est un mystère : comment un système reproductif aussi complexe a-t-il pu perdurer ? Et quel intérêt peut présenter cet hermaphrodisme pour les autres espèces ? À l'inverse, pourquoi cette caractéristique potentiellement si avantageuse n'est-elle pas plus répandue ? En mars 2009, l'équipe américaine de Suzanne Alonzo n'a fait qu'épaissir un peu plus le mystère. Grâce à des simulations numériques mettant en jeu des populations capables ou non de changer de sexe, elle a constaté que l'analyse classique en termes de coûts et de bénéfices adaptatifs ne pouvait expliquer pourquoi les animaux sont hermaphrodites (sauf en cas de « coût » très élevé). Quelque chose échappe encore aux chercheurs...

D'aucuns ont pu penser que l'hermaphrodisme était une relique du passé, perdurant chez quelques espèces très anciennes. Pas de chance : deux espèces proches (la perche du Nil et l'une de ses cousines asiatiques) ont des mœurs bien distinctes. La première est gonochorique (le nom savant pour les poissons ayant soit un sexe, soit l'autre) et l'autre hermaphrodite.

Mais depuis les années 1980, un autre argument a fait mouche : on a établi que l'environnement pouvait déterminer le sexe. Un petit coup de chaud et une femelle devient mâle, ou plus rarement l'inverse. Une eau trop acide et les métamorphoses s'opèrent également. En fait, ce n'est pas seulement un individu qui change de sexe, mais la proportion de mâles et de femelles au sein d'une population qui varie. Ce constat est utile aux éleveurs, qui peuvent ainsi orienter le sexe de leur élevage sans avoir recours aux hormones. Inversement, un changement de température non contrôlé, lié par exemple au réchauffement climatique, pourrait-il avoir une incidence sur le sexe des poissons ? C'est en tout cas l'hypothèse émise par certains chercheurs pour expliquer un fait étrange : depuis quelques années, les élevages de truites commencent à se peupler de mâles, alors qu'il ne devrait y avoir que des femelles. En 2009, une équipe allemande de l'université de Göttingen a démontré que l'augmentation de la température des bassins avait une réelle incidence sur le sexe des poissons. Mais d'autres recherches devront décrypter les mécanismes présidant à ces changements de sexe. La variation de température influe probablement sur la production naturelle de certaines hormones, lesquelles ordonnent aux gonades de s'orienter vers la production de sperme ou d'œufs. Le scénario semble plausible, mais reporte les interrogations sur un plan génétique. En 2001, un gène sensible à la température a été identifié par l'équipe de Jean-François Baroillier, du Centre de coopération internationale en recherche agronomique pour le développement (Cirad). Depuis, cette équipe a découvert que bien d'autres gènes sont affectés par un réchauffement ou un refroidissement. C'est donc toute une cascade de réactions impliquant de nombreux gènes qu'il convient de considérer… Et de nouveau, une question demeure sans réponse : qu'est-ce qui préside à cet enchaînement, d'autant plus que ce schéma semble différer selon les espèces ?

D'autres facteurs pouvant expliquer l'anomalie observée chez les truites ont été envisagés. Des polluants dont les molécules ressembleraient à des hormones sexuelles pourraient, comme en laboratoire, modifier le sexe des poissons. Toutefois, ce changement de sexe semble concerner toutes les piscicultures, or il apparaît peu probable que ces dernières soient toutes polluées.

Enfin, la génétique n'a pas dit son dernier mot. Nous l'avons vu, les chromosomes des poissons sont difficilement décryptables et il n'est pas impossible qu'un gène « caché » fasse des siennes. En 2001, la même équipe du Cirad a mené une recherche en laboratoire, faisant se reproduire cinq mâles et cinq femelles en usant de toutes les combinaisons possibles. Surprise : la proportion de bébés mâles et de femelles n'était pas identique dans toutes les configurations…

Quelles que soient les configurations choisies, les chercheurs butent encore sur les mêmes questions : quel est le mécanisme du changement de sexe ? Quelle est sa finalité ? N'est-il pas risqué pour une espèce de changer de sexe au moindre aléa génétique, à la moindre variation de température ou d'acidité ? Des réponses seraient les bienvenues en matière d'aquaculture, permettant le développement d'un élevage plus écologique (sans hormones par exemple[1]), mais elles sont également indispensables pour mieux appréhender l'avenir de l'homme (ou d'autres mammifères). Notre déterminisme génétique bien connu ne va pas durer : le chromosome Y est appelé à disparaître, inactivant ses gènes petit à petit[2]. Les poissons, aux genres si divers, peuvent expérimenter le *Kama Sutra*. Mais nous, quelle sera notre position ?

---

1. Nous ne parlons pas ici de l'impact écologique de l'aquaculture intensive.
2. Nous serions tranquilles encore quelques millions d'années. Pour les chimpanzés, un changement plus rapide serait à l'œuvre.

INDIENS D'AMÉRIQUE

Sont-ils originaires de Sibérie ?

Il y a encore trente ans, la réponse aurait été simple. On avait un scénario tout trouvé : des hommes originaires de l'est de l'Asie (Mongolie ou Sibérie actuelle), plutôt chasseurs et intrépides, avaient traversé l'actuel détroit de Béring qui sépare les deux continents. À la faveur d'une période de glaciation au cours de laquelle était apparue une large bande de terre et de glace, ils avaient pu suivre les migrations des mammouths et autres bisons. Ainsi, ils étaient arrivés sur le Nouveau Continent il y a 13 000 ans, par l'Alaska et le Canada. De nombreuses pointes de flèches taillées attestent cette présence sur le territoire des actuels États-Unis. En 1932, le site archéologique de Clovis, au Nouveau-Mexique, a été mis au jour et a donné son nom à ces migrants, ainsi devenus les « Clovis ». Ces derniers auraient ensuite conquis d'autres territoires, plus au sud.

Hélas, ce séduisant scénario s'est fissuré avec la découverte de sites, en Amérique du Sud surtout, recelant des traces d'habitats datant à peu près de la même époque que Clovis. Les chasseurs auraient également été de sacrés sprinteurs pour, aussitôt arrivés au Canada, se précipiter au Mexique… D'ailleurs, en 2008, un étron humain retrouvé dans l'Oregon s'est révélé avoir plus de 14 000 ans.

Mais le réel coup de grâce avait déjà été donné en 1978, lorsque la Française Niède Guidon avait découvert au Brésil plusieurs abris sous roche décorés de milliers de peintures rupestres, prouvant la présence d'hommes sur ce lieu pendant plus de 30 000, voire 50 000 ans ! La thèse Clovis avait définitivement été brisée…

Depuis, plusieurs autres sites ont été découverts, démontrant un peuplement antérieur à 30 000 ans, l'époque où le détroit de Bering pouvait être traversé à sec. En 2005, on a même cru trouver au Mexique un site vieux d'un million d'années ! Finalement, les paléontologues ont revu leur datation à la baisse et ont estimé que ce site avait été occupé il y a 38 000 ans environ. Au total, une vingtaine de sites sont plus anciens que Clovis. Qui plus est, la plupart d'entre eux se trouvent en Amérique du Sud, au Mexique, en Argentine ou au Chili…

Se pourrait-il alors que les premiers Américains soient originaires du Sud plutôt que du Nord, renversant radicalement l'histoire jusqu'alors admise ? N'auraient-ils pas pu arriver par bateau d'Afrique ou d'Australie ? Sur ce point, les polémiques scientifiques se sont doublées de quelques arrière-pensées politiques. Savoir qui fut le premier à fouler le sol du continent ne change rien à la suite de l'histoire, si ce n'est le symbole. Ces hypothèses non asiatiques reposent sur quelques faits tangibles. Bien qu'aucun squelette humain de plus de 15 000 ans n'ait été découvert, des ossements plus récents, notamment des crânes, présentent des traits plus africains ou caucasiens que mongoloïdes. C'est le cas de la femme de Peñon, découverte au Mexique en 1959 et âgée de 13 000 ans. Ou de l'homme de Kennewick, découvert en 1996 dans l'État de Washington et vieux de 9 400 ans. Certains ont même estimé que ce dernier possédait des caractères européens et imaginé alors une arrivée par l'est en provenance de l'Europe… Cette hypothèse hardie a fait long feu.

Certaines études génétiques, basées sur l'ADN des populations actuelles, viennent aussi confirmer un peuplement plus ancien et pas nécessairement asiatique.

Cependant, rien ne dit que cet ADN garde encore la trace des premiers ancêtres. Il se pourrait très bien que les pionniers aient disparu et que les Amérindiens actuels soient issus de peuplements postérieurs…

D'ailleurs, les historiens penchent de plus en plus pour une arrivée en deux vagues. Toute la question est de savoir quand et par où ! Certains imaginent une première vague venant d'Asie et d'Australie et une deuxième d'Afrique et d'Asie. D'autres penchent pour deux arrivées en partance de l'Asie, l'une par le détroit de Bering, l'autre par bateau et légèrement plus au sud. Malheureusement, les preuves (squelettes ou, pourquoi pas, restes d'embarcations) font défaut. Le mystère reste donc entier. Autre question tout aussi polémique : qui fut le premier découvreur du continent à l'ère moderne ? Christophe Colomb, Marco Polo, les Vikings, les Basques, les Chinois ? On en oublie sûrement.

INTERNET

Quelle est la forme du réseau des réseaux ?

Le courrier électronique, les sites Web, le commerce en ligne, le téléchargement, légal ou illégal, de musique et de films... Internet fonctionne très bien, mais nous ne savons pas vraiment à quoi ressemble son infrastructure, ni quels chemins l'information emprunte[1]... Le fonctionnement d'Internet, comme celui du cerveau humain (voir p. 57), serait-il trop complexe pour être appréhendé ? Pourtant, la « Toile » est une invention de l'homme ! Comment a-t-on pu en perdre les plans ?

En fait, Internet, contrairement au chemin de fer, ne possède pas de plans... Pour les trains, le réseau est simple à cartographier. Les gares forment les nœuds du maillage et sont reliées par les voies de chemin de fer. Chaque chef de gare sait comment envoyer ses trains vers leur destination... Les plans et règles de circulation sont bien définis.

Avec Internet, c'est plus complexe : le nombre de gares varie sans cesse (des nœuds apparaissent ou disparaissent) et le chef de gare laisse partir ses trains sans avoir de certitudes quant au chemin le plus court ou le plus

---

1. Internet est l'infrastructure à partir de laquelle se développe un ensemble de réseaux et de protocoles (la manière de communiquer entre ordinateurs), tels ceux du courrier électronique, des pages Web, des réseaux dits « pair à pair » ou *peer to peer* en anglais... C'est donc une sorte de réseau de réseaux. Le Web est sans doute l'exemple le plus connu du grand public de réseaux construits sur l'Internet.

direct... Bien évidemment, ce n'est pas non plus l'anarchie et il existe tout de même des règles de routage ! Des paquets d'informations peuvent parfois suivre des méandres complexes en omettant la voie *a priori* la plus simple. Inconvénient potentiel : la perte d'efficacité. Avantage avéré : l'information trouvera toujours son chemin, même en cas de défection d'un nœud consécutive à une panne ou à un engorgement.

Enjeu de la discipline scientifique en train de naître et tout simplement baptisée « science de l'Internet » (ou science du Web) : trouver la « forme » d'Internet qui permettra d'améliorer les transmissions des paquets d'informations... Autrement dit : aller plus vite, éviter les engorgements, les erreurs, mais aussi s'assurer que le système « tienne » en cas de pépin (c'est-à-dire de défaillance d'un des nœuds) et vérifier que le réseau puisse continuer de croître sans s'effondrer. Selon certains, un réseau de la taille d'Internet élaboré et conçu aujourd'hui ferait appel à des techniques différentes de celles utilisées hier, qui seraient à même de garantir la sécurité et la stabilité de tout l'édifice. Actuellement, le support sur lequel reposent toutes nos communications est en fait très fragile.

Cette science vise aussi à améliorer les « sous-couches » du Web et, en premier lieu, ses milliards de pages. Dans ce cas, il s'agit d'inventer les moteurs de recherche de demain, capables de dénicher l'information la plus pertinente. D'une manière générale, cela passe par une réduction de la masse complexe de données en des représentations et des principes plus synthétiques.

Nos sociétés sont dépendantes de ces réseaux de communication ; le développement de telles connaissances est donc crucial.

Les chercheurs ne partent pas de rien : ils savent comment la créature est née. C'était en novembre 1969. Le premier réseau (baptisé Arpanet) reliait deux universités américaines entre elles… puis quatre. Très vite, la bête a grossi.

Ils savent aussi selon quels principes l'information circule. Le protocole qui permet aux paquets d'informations d'aller d'un ordinateur à un autre, sans carte ni chemin prédéterminé, a en effet été établi par des ingénieurs.

Enfin, les scientifiques savent que la structure d'Internet n'est pas centralisée autour d'une poignée d'ordinateurs. Le réseau ne prend pas non plus une forme pyramidale (ce qui signifierait que plus on « descendrait », plus il y aurait d'ordinateurs et que l'information devrait remonter au rang supérieur pour être transmise). En fait, la structure est vraiment décentralisée, sans plan précis.

Pour aller plus loin et explorer la structure actuelle du réseau, les chercheurs y envoient des sortes de messages sondes permettant de visualiser l'ensemble du chemin tortueux parcouru par une information avant d'atteindre son destinataire. En multipliant les points de départ et d'arrivée des messages sondes, on obtient des cartes difficilement déchiffrables, telles celles réalisées par Caida[1]. Reste à créer les outils permettant d'extraire et analyser avec pertinence les informations issues de ce tas de spaghettis.

Quelques enseignements ont déjà été tirés.

Par exemple, la structure du réseau est dite « complexe » par opposition à « moyenne ». Il est impossible de dire qu'un nœud a un nombre moyen de voisins, comme on peut dire que la taille moyenne des Français de sexe masculin est de 1,76 mètre. Au pays d'Internet, il existe des « géants » qui possèdent des milliers de nœuds voisins, mais aussi des milliers de « nains » qui ne possèdent qu'un voisin ; il existe des sites Web vers lesquels pointent des milliers de nœuds et d'autres parfaitement isolés. En fait, sa structure est quelque peu similaire à celle de

1. La plus ambitieuse base de données de « cartes » de l'Internet : www.caida.org/projects/macroscopic

la répartition des richesses : peu de gens s'en répartissent la quasi-totalité (disons que 20 % d'une population donnée possède 80 % de la richesse) et la majeure partie d'une population ne possède presque rien (disons que 80 % de la population se partage 20 % des richesses).

Autre particularité : l'existence de « petits mondes ». En 1967, le psychosociologue Stanley Milgram a confirmé la théorie des six degrés de séparation pour prouver qu'on pouvait être relié facilement à quiconque sur cette planète. En six contacts, on peut être en relation avec n'importe qui. Sur le réseau aussi, en six nœuds, on peut atteindre n'importe quel point. Autrement dit, il y a toujours des « ponts » qui nous font passer d'une région du Web à une autre, même très éloignée. En leur sein, ces régions sont d'ailleurs très fortement connectées, d'où le nom de « petits mondes ».

Au début des années 2000, lorsque les premières données ont été recueillies sur le réseau, des modèles de formes sont apparus. Selon la thèse de chercheurs d'IBM, de Compaq et d'Altavista, le Web ressemble à un nœud papillon. Pour d'autres, il serait plutôt une méduse…

Le modèle du nœud papillon distingue plusieurs régions. Au centre : un noyau au sein duquel on passe facilement de page en page. À la périphérie : des zones auxquelles on n'accède que par le noyau… Ou au contraire une zone qui permet d'accéder au noyau, mais non l'inverse.

Le modèle « méduse » implique qu'Internet ait un noyau dense de nœuds, puis une zone « molle » et enfin des tentacules représentant des nœuds assez isolés.

Ces premières tentatives de modélisation ne sont encore que des ébauches, car elles n'expliquent pas tout, laissant de côté des zones entières du réseau.

Alors, tels les marins du XVe siècle, les chercheurs se lancent dans l'exploration de ce monde nouveau et mouvant.

LINÉAIRE A

Qui décryptera cette écriture crétoise du IIe millénaire av. J.-C. ?

C'est une écriture faite de bâtons et de vaguelettes assez simples. En tout, 213 signes différents, répertoriés sur près de 1 500 inscriptions, le plus souvent sur des tablettes d'argile. La plupart d'entre elles ont été trouvées en Crète ou dans le sud de la Grèce. Elles dateraient du deuxième millénaire av. J.-C., à l'époque de la civilisation minoenne. Depuis leur découverte en 1902 par le célèbre archéologue britannique Arthur Evans, personne n'a réussi à déchiffrer cette écriture, témoin d'une langue disparue. En 1952, on a cru y être presque parvenu, lorsque l'architecte britannique Michael Ventris a déchiffré une écriture proche et découverte à la même époque, le linéaire B. Celle-ci s'apparente à une forme antérieure du grec, le mycénien. Or des signes sont communs aux deux linéaires. L'espoir était donc grand d'utiliser l'un pour décrypter l'autre. Malheureusement, la proximité d'écriture ne fait pas forcément la proximité de son. Même s'il y a sans doute des phonèmes communs aux deux écritures, il y a aussi pas mal de faux amis. Et puis, pourquoi les habitants de ces régions se seraient-ils cassé la tête à inventer un nouvel alphabet si leurs langues avaient été si proches ? Quoi qu'il en soit, la méthode consistant à décoder le linéaire A grâce au linéaire B est demeurée infructueuse.

Une autre approche a donc été adoptée, consistant à analyser la fréquence d'apparition des signes et leur position dans les mots ou les phrases. Cela a été rendu possible par la compilation de l'ensemble de ces inscriptions par l'École française d'Athènes dans les années 1970-1980. Depuis cette œuvre de compilation, une centaine de tablettes supplémentaires seulement ont été découvertes. Le faible volume des caractères recueillis dans cette base de données rend leur déchiffrement aléatoire. Cela dit, les chercheurs ont tout de même constaté qu'une centaine de signes étaient assez récurrents. Cette information est venue confirmer que, comme le linéaire B, le linéaire A est syllabique, et non alphabétique. Cela signifie que les signes correspondent à des sons (les syllabes) et non à des lettres. L'analyse met également en lumière des différences avec le linéaire B : ce ne sont pas les mêmes signes qui sont les plus récurrents dans les deux écritures.

Depuis vingt ans, un épigraphiste amateur, Hubert La Marle (magistrat de profession), se passionne pour cette écriture et recourt à des méthodes statistiques pour l'analyser. Optimiste, il pense que le déchiffrement est en bonne voie. En 1996 et 1997, il a même publié des « éléments » de grammaire du linéaire A, mais ses hypothèses n'ont guère fait réagir les chercheurs académiques.

Déchiffrer le linéaire A n'est pas un simple et plaisant casse-tête. Si l'on y parvenait, l'histoire des civilisations méditerranéennes pourrait s'en trouver bouleversée. Le linéaire A ne pourrait être qu'une sorte de proto-grec (comme le linéaire B), mais il pourrait également avoir une origine géographique plus éloignée ! Certains ont suggéré qu'il puisse s'apparenter à une forme d'étrusque ; d'autres à des langues d'Europe centrale. Hubert La Marle évoque quant à lui une origine indo-iranienne[1]. De la

1. Le site de Hubert La Marle, avec des exemples d'écriture : www.premiumorange.com/crete-minos-linear.a/

réponse définitive jaillira peut-être une nouvelle interprétation de l'origine de nos civilisations, les Grecs perdant en quelque sorte leur primauté historique.

Et il serait également intéressant d'avoir quelques lumières sur le niveau culturel ou technique atteint par ces habitants de la Crète. Au vu des découvertes archéologiques, il semble que ces Minoens n'étaient pas de rustres paysans, qu'ils maîtrisaient des techniques agricoles et architecturales élaborées, mais aussi l'orfèvrerie et la construction de routes. En outre, ils vénéraient des dieux. À ce propos, Hubert La Marle se réfère à une inscription en linéaire A qui, par ses scansions, n'est pas sans évoquer un chant religieux. La grammaire serait donc aussi un bon indicateur du degré de civilisation atteint. Du coup, il faudra revisiter les relations entre Crétois et Grecs. À quel point les seconds auraient-ils pu apprendre des premiers, les avoir copiés ? Quel éventuel bouleversement historique !

Une pierre de Rosette serait donc la bienvenue pour débloquer cette situation épigraphico-historique. Malheureusement, l'explosion du volcan de Santorin, en 1645 av. J.-C., a anéanti une bonne partie des cités crétoises et, avec elles, sans doute de précieuses inscriptions pouvant faire le lien entre plusieurs écritures. Le linéaire A risque donc de garder encore longtemps ses secrets.

MARS

Y a-t-il de la vie sur la planète rouge ?

Comment laisser de côté l'un des mystères préférés des médias et même des agences spatiales (nous avons renoncé à dénombrer les occurrences « Mars » et « vie » sur le site de la Nasa, mais selon Google, on en compterait plus d'un million) ? Cette planète a très vite fasciné les observateurs et concentré sur elle les espoirs d'une vie extraterrestre, en raison de ses quelques traits communs avec la Terre. Dès le XVIIe siècle, l'astronome Cassini identifie sur Mars des « saisons » affectant la taille des étendues blanchâtres situées aux pôles de la planète. La durée d'une journée martienne est également proche de la nôtre. Au XIXe siècle, l'observation de larges motifs striant sa surface a fait penser aux canaux creusés par l'homme. Depuis, l'intérêt ne s'est pas démenti. Une quinzaine d'atterrissages (on pourrait dire « amarsissages » !) ont été tentés, dont six effectifs[1]. Autant de sondes ont croisé autour de la planète rouge pour la photographier sous toutes les coutures et longueurs d'ondes[2] et cela devrait continuer. D'ici une bonne quinzaine d'années, les États-Unis envisagent même d'y envoyer des hommes. Le voyage durerait six à neuf mois !

---

1. Deux sondes Viking en 1976 ; le robot Pathfinder en 1996 ; ses deux successeurs Spirit et Opportunity en 2004 et enfin Phoenix en 2008.
2. La longueur d'onde désigne la nature de la lumière détectée dans le spectre lumineux visible ou invisible (infrarouge notamment).

Et la question se fait toujours plus lancinante : la planète rouge, malgré une température moyenne de -50 °C, une atmosphère dépourvue d'oxygène et une grande sécheresse, a-t-elle abrité la vie et continue-t-elle de le faire ?

Pour répondre à cette question, la quête de l'eau est fondamentale. Les efforts d'observation ont donc porté sur cette donnée essentielle et, disons-le tout de suite, il y a de l'eau sur Mars ! Tout le problème est de savoir si elle est demeurée suffisamment longtemps à l'état liquide pour favoriser la vie (voir p. 83). Tout d'abord, les pôles sont riches en glace d'eau, parfois masquée sous de la glace carbonique. Depuis les observations réalisées par les sondes Viking, les astronomes s'en doutaient ; les dernières images des sondes envoyées en orbite autour de la planète l'ont confirmé. Si cette glace fondait, Mars serait recouverte d'une dizaine de mètres d'eau... Un vrai cataclysme. Ensuite sa topographie torturée laisse penser que tous ces chenaux, canaux, fossés, rivages ont bien été creusés par un liquide qui pourrait difficilement être autre chose que le fameux H_2O.

Des détecteurs spécifiques installés sur les sondes placées en orbite autour de Mars ont également montré que son sous-sol contenait de l'eau. Plus précisément de l'hydrogène, qui se trouve vraisemblablement sous une forme H_2O.

Et enfin, de récents clichés laissent supposer que de l'eau à l'état liquide pourrait bien se trouver sur Mars ! Des traces d'écoulement à flanc de falaises et de montagnes ont été détectées, qui n'existaient pas dix ans plus tôt.

Problème : pour l'instant, il est impossible de faire un bilan complet. En quelle quantité trouve-t-on l'eau du sous-sol proche, lequel forme une sorte de pergélisol, un sol gelé en permanence ? Et au sein d'éventuelles nappes phréatiques situées à plusieurs centaines de mètres sous la surface ? Seule chose certaine : aujourd'hui, la pression et la gravité sont trop faibles pour retenir cette eau sous forme liquide. Il n'y a donc aucun espoir de déceler des lacs cachés sur Mars.

Mais hier ? Pour savoir si l'eau a pu demeurer longtemps en surface à l'état liquide, il suffit d'analyser la nature et l'état des roches. De ce côté, c'est un peu la déception : des minéraux tels que l'olivine ont pu être identifiés, mais ils ne présentaient pas de trace d'altération, ce qui signifie qu'ils n'ont guère été en contact avec de l'eau depuis au moins deux ou trois milliards d'années... Bonne nouvelle cependant : les appareillages ont détecté des traces d'argile, preuve qu'il y a bien eu de l'eau sur Mars. Rien n'est pourtant jamais simple : l'argile se trouve sur les hauts plateaux anciens de la planète et non dans les vallées où les scientifiques s'attendaient à trouver des preuves de la présence d'eau. Encore une fois, si eau liquide il y a eu, elle n'est pas restée longtemps.

Deux robots explorateurs, Opportunity et Spirit, ont atterri sur Mars en 2004, envoyés par la Nasa ; tous les espoirs des scientifiques reposent désormais sur leurs « épaules ». Pas de chance : leurs premières trouvailles ont été décevantes. Les sols sur lesquels ils ont évolué sont constitués de basalte et non de sédiments, comme certains l'espéraient. Le basalte est une roche volcanique dont la formation ne nécessite pas la présence d'eau... Spirit a également confirmé que l'olivine n'était pas altérée. Finalement, à force de patience, les robots ont trouvé quelques indices pouvant attester la présence d'une eau liquide pérenne. Sur les flancs de certaines pentes explorées, des sels de soufre ont été détectés par Spirit, « preuve » qu'un peu d'eau a « existé » sur Mars. Opportunity a recueilli quant à lui des « myrtilles », en fait des hématites formées *a priori* grâce à la présence d'eau. Il a également photographié ce qui pourrait être des affleurements sédimentaires.

Pour l'instant, les preuves demeurent plutôt minces.

Les explorateurs ont aussi cherché des preuves de vie directe. C'était même la délicate mission assignée aux deux sondes Viking. Véritables petits biochimistes, elles ont mené à bien quatre types d'expériences censées confirmer ou infirmer la présence de vie sur Mars. Hélas ! l'interprétation de leur travail n'est pas simple et fait encore débat.

Plus récemment, en février 2009, les résultats d'observations télescopiques terrestres ont de nouveau affolé les esprits : on aurait constaté la présence de méthane sur Mars ! Et ce méthane pourrait être synonyme de vie… ou pas ! Plusieurs théories visent à expliquer son existence et toutes ne s'en remettent pas à la présence de micro-organismes qui, comme sur Terre, transformeraient le dioxyde de carbone en méthane. Certaines réactions chimiques (mais non organiques) nécessitant de l'eau peuvent expliquer ce dégagement naturel. En raison du caractère saisonnier du phénomène, les chercheurs penchent pour une émission gazeuse provenant de glaces de méthane, appelées « clathrates », qui piègent le gaz. En se réchauffant, les glaces libéreraient le méthane.

Mais alors, une question cruciale se pose encore : d'où vient ce méthane ? Si les spécialistes penchent pour une hypothèse minérale, le scénario organique ne peut être formellement exclu. Les martiens roteraient-ils[1] ?

1. Selon l'Institut national de recherche en agronomie (Inra), la fermentation bactérienne à l'origine des dégagements de méthane des troupeaux, sur Terre, découlerait moins de gaz liés aux pets qu'aux rots, contrairement à une idée assez répandue. Sur cette question, voir le site d'un géologue passionné et passionnant de l'ENS-Lyon, Pierre Thomas : http://planet-terre.ens-lyon.fr/planetterre/actualité_des_labos/dossiers/nouvelles-mars

MATIÈRE SOMBRE

De quoi est constitué le quart de notre univers ?

Quelque chose ne tourne pas rond dans l'univers. Sans que les astrophysiciens puissent l'expliquer, les étoiles aux confins des galaxies ou les galaxies dans leurs amas ne se déplacent pas comme il faudrait.

En vertu des lois classiques de la gravitation de Newton, la rotation des objets stellaires dépend de la masse environnante (et des distances entre objets). Mesurer ces mouvements renseigne donc sur les masses en présence. Or l'étude du mouvement de plusieurs galaxies dans leur amas montre des vitesses élevées, trahissant la présence d'une grosse masse invisible. De même, alors que la vitesse de rotation des galaxies est censée décroître en s'éloignant du centre, les astrophysiciens observent une vitesse plus élevée que prévu, comme si un halo mystérieux accélérait les étoiles…

Dans les années 1930, l'astronome suisse Fritz Zwicky a été le premier à faire ce constat déroutant en observant des galaxies dans leur amas. Pourtant, c'est seulement dans les années 1970 que ce phénomène est vraiment venu tarauder les scientifiques, lorsque l'astronome américaine Vera Rubin a constaté des anomalies dans la rotation des galaxies.

Hypothèse avancée pour expliquer ce phénomène : une matière nouvelle, invisible, massive, agirait sur les galaxies et les étoiles. C'est ainsi qu'est née la théorie de la matière sombre, dite aussi « noire ». Aujourd'hui, les astrophysiciens estiment qu'un quart environ de la masse de l'univers est « sombre[1] ». Problème : de quoi cette matière est-elle constituée ? Pour l'instant, aucune théorie n'est concluante.

Première hypothèse : il s'agirait d'une matière ordinaire correspondant à des étoiles avortées (qui ne contiennent pas assez d'atomes pour amorcer les réactions nucléaires donnant habituellement naissance aux étoiles brillantes). Ces objets seraient donc invisibles et ont été baptisés Macho (*Massive Compact Halo Object*). Ils pèseraient plus d'un dixième du poids de la Terre, mais moins que le Soleil, et erreraient, invisibles, dans le halo des galaxies. Ces dernières années, deux expériences internationales ont tenté d'en trouver trace. En vain.

Un autre candidat naturel s'est présenté, mais il ne fait pas le poids. Il s'agirait d'un gaz froid constitué d'éléments légers (tels l'hélium et l'hydrogène) dans lesquels baigneraient les galaxies. Malheureusement, les astronomes s'accordent à dire que cette « substance » ne constituerait que 5 % environ de l'ensemble de la matière noire…

Les idées les plus folles ont alors fusé.

Il existe par exemple une particule légère comme une plume, assez étrange, ne portant pas de charge électrique et interagissant très peu avec la matière : le neutrino. Sur le papier, elle est née en 1930 sous la plume du physicien Wolfgang Pauli et a effectivement été détectée en 1956. La mesure n'était pas directe car le neutrino est insaisissable. Mais en vertu du principe de conservation de l'énergie, s'il manque quelque chose à la fin de l'expérience, c'est que l'énergie manquante a été emportée par un neutrino.

1. *Grosso modo*, 5 % de l'univers est fait de matière ordinaire, 25 % de matière sombre et le reste est composé d'une autre forme mystérieuse, connue sous le nom d'énergie noire (voir p. 87). Autrement dit, plus de 80 % de la matière de l'univers est de nature inconnue ! Une sacrée poutre dans l'œil des physiciens.

Par la suite, les chercheurs ont découvert que ces neutrinos étaient très abondants. Des dizaines de milliards de ces particules nous tombent dessus chaque seconde, ou plus exactement nous traversent sans dommage. Les neutrinos sont en fait la conséquence de réactions nucléaires très proches (du Soleil par exemple) ou très lointaines, venues du fond des galaxies, voire de l'univers. La quantité est donc là, mais ces particules ne pèsent quasiment rien. La théorie de Pauli leur attribue même une masse nulle. Ce n'est que dans les années 1990 et 2000 que les physiciens ont réalisé que les neutrinos avaient quand même un peu d'embonpoint. Malheureusement pas assez pour faire office de masse manquante.

Un cousin des neutrinos, le neutralino, s'est alors porté candidat. Lui souffre de plusieurs handicaps : la théorie qui lui donne naissance n'a pas encore été confirmée et personne n'a encore trouvé trace de cette particule. L'accélérateur de particules LHC, déjà évoqué dans ces pages, permettra peut-être de prouver son existence. Il faut en effet déployer une énergie colossale pour sonder les tréfonds de la matière. Sans attendre le début des travaux du LHC, plusieurs expériences ont visé la capture de neutralinos. Tout comme les neutrinos, ils interagissent très peu avec la matière et sont donc difficiles à observer. Ils ont été baptisés Wimps (pour *Weakly Interactive Massive Particule* ou particule massive interagissant faiblement). En anglais, le mot *wimp* signifie en fait « mauviette » ! Aux États-Unis, en Angleterre, en France et en Italie, des kilogrammes de matière dense attendent qu'une de ces « mauviettes » vienne frapper un de leurs noyaux atomiques.

Évidemment, les controverses n'ont pas manqué de surgir… Au début des années 2000 et encore au début de 2008, les Italiens ont annoncé avoir détecté les premières traces de ces particules. Les équipes concurrentes demeuraient incrédules, jusqu'à ce qu'elles décèlent à leur tour certaines choses à la fin de l'année 2009. Deux expériences, l'une américaine, Cdms, et l'autre française, Edelweiss, ont permis d'identifier des signaux potentiellement comparables à ceux des « mauviettes ». Toutefois, les résultats de ces deux dernières équipes sont fort éloignés des conclusions italiennes et sont surtout très comparables aux signaux émis par un bruit parasite ! En fait, la probabilité que ces signaux soient le fruit du hasard est trop forte et ne permet pas d'affirmer qu'il s'agissait bien là de matière noire. Cette année, tous les chercheurs vont mettre les bouchées doubles pour affiner leurs analyses et accroître la taille de leurs détecteurs.

Dans un autre genre, un candidat a également fait sensation… avant de tirer lui aussi sa révérence. L'axion est une autre de ces particules « inventées » par les physiciens pour résoudre certains de leurs problèmes théoriques, indépendamment de la question de la masse manquante. Pas de chance, l'équipe italienne qui avait « découvert » l'axion en 2006 lors de l'expérience PVLAS n'a pu confirmer son existence en 2008.

Enfin, une dernière controverse est née cette même année 2008, toujours en Italie ! Un satellite, Pamela, aurait détecté le premier indice indirect d'existence de la matière noire. Les instruments ont enregistré une quantité excédentaire et anormale de positrons, une particule similaire à l'électron, mais de charge positive. Les analyses de ces observations sont problématiques : l'excédent de positrons pourrait certes s'expliquer par la collision de deux particules de matière noire, mais aussi par des bouffées émises par des étoiles à neutrons, baptisées pulsars. Dans ce cas, la matière sombre n'y serait pour rien…

Bref, il manque toujours un peu de masse à notre univers ; cela n'empêche pas d'autres équipes scientifiques de cartographier cette masse manquante[1] ! En étudiant les perturbations des rayons lumineux entre des points

1. Voir http://cosmos.astro.caltech.edu/

brillants lointains et la Terre, il est possible de deviner l'« invisible » qui se trouve sur le chemin et qui perturberait, selon les lois d'Einstein, les rayons[1]. Ces cartes montrent d'immenses filaments de matière, qui sont autant de passerelles entre galaxies.

Se trouvant dans une impasse, des physiciens ont adopté un point de vue radicalement nouveau. Ils ont suggéré de changer les lois de la gravitation de Newton lorsque ces dernières s'appliquent à des objets de grande échelle. Après tout, Fritz Zwicky et Vera Rubin n'ont pas dit qu'il y avait de la matière manquante ; ils ont simplement pointé du doigt les anomalies de mouvements d'étoiles et de galaxies…

Au début des années 1980, l'Israélien Mordehai Milgrom a ainsi établi une nouvelle loi de la gravitation valable pour les galaxies et les étoiles lointaines. La différence avec la théorie newtonienne est infime et… parvient à expliquer les résultats de Zwicky et Rubin ! Mais les constantes qui interviennent dans les calculs diffèrent selon le problème considéré. De surcroît, personne ne sait vraiment quels phénomènes physiques pourraient expliquer les variations de ces lois gravitationnelles.

1. Selon les lois de la gravitation modifiées par Einstein en 1915, toute masse déforme l'espace-temps et la lumière peut être déviée par ces masses. L'effet en a été confirmé et explique par exemple certains mirages d'étoiles dans le ciel.

MOTEUR À EAU

Peut-il vraiment fonctionner ?

En ces temps de prix élevé du pétrole, tout le monde ne fait pas grise mine. De petits bricoleurs pensent même avoir découvert comment faire rouler les voitures avec moins d'essence. En y ajoutant de l'eau ! Seul hic : si les véhicules ainsi modifiés ont l'air de consommer 20 % de carburant en moins, personne ne comprend pourquoi !

Revenons sur cette invention déroutante. En 1998, l'Américain Paul Pantone dépose un brevet de modification des moteurs existants par injection de la vapeur d'eau dans la chambre de combustion (pour résumer *grosso modo*). Miracle : la consommation baisse, la pollution diminue et les voitures avancent… L'inventeur diffuse ses plans – assez simples – sur Internet et sa trouvaille se répand. En France, un tenace agriculteur de l'Allier, Antoine Gillier, parvient à améliorer le dispositif sur son tracteur, mais aussi sur des automobiles classiques. Il est vrai que la mise en pratique du Pantone est délicate et pas toujours couronnée de succès. Avec le Gillier-Pantone, tout semble plus simple. En deux ou trois jours de stage et moins de deux cents euros, un novice peut effectuer les modifications nécessaires sur son moteur. Utilitaires, voitures particulières, tracteurs, mais aussi groupes électrogènes : à chaque fois, les bricoleurs constatent au moins 20 % d'économie et l'absence de fumées noires au niveau de l'échappement. Une entreprise du Sud de la France, Hypnow, s'est lancée dans la vente de kits prêts à monter. Une association,

La Pierre angulaire[1], a convaincu des collectivités locales de l'Est de s'équiper. Partout, des stages d'initiation fleurissent, regroupant des bricoleurs, des passionnés, mais aussi une nouvelle vague d'écolos ou d'alternatifs.

En fait, au niveau de l'admission d'air du moteur, on ajoute une pièce métallique de quelques dizaines de centimètres de long, en forme de tube, appelée échangeur ou réacteur. C'est là que la vapeur d'eau est introduite… et que le mystère réside. Que se passe-t-il dans ce tube ? Paul Pantone invoquait des centaines, voire des milliers de processus physico-chimiques incompris, certainement dans le but d'impressionner ses clients. D'aucuns s'en sont même remis à la mécanique quantique ! Le moteur Pantone s'est ainsi couvert du voile brumeux de la pseudoscience. Certains promoteurs expliquent qu'il faut soigneusement orienter magnétiquement la fameuse pièce pour que ça fonctionne…

Toute cette brume, ainsi que quelques mois de prison pour Pantone (liés à la gestion de son entreprise commerciale) ont convaincu les partisans de ces moteurs de changer son nom. Le Gillier-Pantone est devenu le « dopage à l'eau[2] ». En revanche, la technique n'a toujours pas été adoubée scientifiquement. Récemment, un ingénieur français, Julien Rochereau, a suggéré que l'effet des charges électriques libres dans l'eau[3] pourrait expliquer le

1. http://lapierreangulaire.free.fr/

2. Pour ne rien arranger, il y a moteur à eau *et* moteur à eau. Ici, nous n'évoquons pas les moteurs 100 % à eau, qui effectuent une prétendue hydrolyse de ce liquide pour le transformer en oxygène et hydrogène. Le mélange est ensuite allumé, puis explose et fait avancer la voiture. Même si de nombreuses démonstrations ont été faites et de nombreux brevets déposés, l'histoire a fait long feu… (lire le hors-série de *Sciences et Avenir* n° 154, mai-juin 2008, pour le récit rocambolesque de ces inventions).

3. www.econologie.com/ionisation-de-la-vapeur-d-eau-articles-3324.html

fonctionnement de ce moteur. Faisant appel à des phénomènes scientifiquement explicables, cette idée, à défaut d'être validée, a le mérite d'ouvrir la voie aux expériences. Des tests faisant varier l'acidité de l'eau pourraient être réalisés. Le seront-ils ? Pas sûr…

Le fonctionnement de ce moteur n'intéresse guère les professionnels. En France, seul le Centre de recherche d'innovation technique et acoustique automobile (Critt-M2A) à Bruay-la-Bussière (près de Béthune) a fait des essais, à la demande d'étudiants de l'École des mines de Douai. En 2007, ils ont testé un Pantone classique, sans vraiment sortir convaincus des gains en termes de consommation, mais en constatant le caractère délicat des mises au point techniques. En 2008, un essai sur un Gillier était prévu, mais des incidents techniques ont empêché l'expérience…

Du côté des fabricants automobiles, on ne fait guère de commentaires. L'électronique, de plus en plus présente sur les véhicules, est incompatible avec les modifications du moteur à eau. Les ordinateurs de bord interpréteraient mal les changements de température consécutifs à l'admission de vapeur et commanderaient l'injection de plus de carburant ! Le moteur à dopage à l'eau est peut-être mort-né. Seules de « vieilles » voitures, des tracteurs ou des tondeuses pourront en bénéficier. Pas vraiment une révolution technologique[1] !

---

1. Des stages pour s'initier : http://quanthomme.free.fr/qhsuite/calend stagepantone08.htm

NEANDERTAL

A-t-il forniqué avec Cro-Magnon ?

Un mystère résolu à… 63 % ! Cette précision, si rare, est liée à la recherche génétique. En 2009, une équipe de Svante Pääbo (Institut Max-Planck de Leipzig) a séquencé 63 % du génome d'un homme de Neandertal, cet homme préhistorique qui vivait en Europe voilà 40 000 ans. Ce précieux ADN a été extrait du tibia d'un des derniers Homo, qui vivait il y a environ 38 000 ans sur le territoire de la Croatie actuelle. Avec cet échantillon, les paléontologues espèrent trancher définitivement la délicate question familiale de nos origines. Neandertal est-il un de nos cousins éloignés, ou bien l'un de nos aïeux ? Nos gènes comportent-ils des traces de cet être humain ?

Pour le moment, il semble que Neandertal ne nous ait rien légué et qu'il constitue donc bien une autre espèce, ayant coexisté avec nos seuls véritables aïeux, les Cro-Magnon. Pendant moins de 10 000 ans, ces deux espèces auraient arpenté les mêmes territoires. De là à imaginer quelques rencontres très rapprochées, il n'y a qu'un pas. Évidemment, l'équipe allemande ne peut ni l'exclure, ni le confirmer. Elle cherche à savoir si notre patrimoine génétique ne compte pas quelques traits néandertaliens. Sur la partie séquencée, les chercheurs ont testé deux zones particulièrement intéressantes : l'une serait liée à la croissance du cerveau ; l'autre à la fécondité. Or, des gènes de ces régions de l'ADN présents chez l'homme sont absents chez Neandertal. Malgré tout, cette étude estime que 1 à 4 % du génome serait commun aux deux espèces. Ces gènes ne porteraient pas sur des traits évolutifs importants mais révéleraient des contacts physiques entre Cro-magnon et Neandertal au Moyen-Orient, il y a quelque 50 000 à 100 000 ans.

Les paléontologues ont eu recours aux preuves par l'ADN, comme dans un procès criminel, car bon nombre d'autres pièces à conviction ont suscité la polémique. Par exemple, un enfant de quatre ou cinq ans découvert au Portugal serait un Cro-Magnon portant des traces d'hybridation avec un Néandertalien. Et des crânes découverts en Charente ou des squelettes en Croatie appartenant à des Néandertaliens de fin de race revêtent des caractéristiques plus « graciles » ou modernes que leurs aînés. Inversement, certains restes de Cro-Magnon ont l'air si « archaïques » qu'ils pourraient être néandertaliens. Il faut dire que ces derniers passent pour assez frustes, bien qu'ils aient développé leur propre culture. Un poids de 30 % supérieur au nôtre, beaucoup plus de muscles aussi… Les hommes de Neandertal étaient des chasseurs de gros gibier tuant à bout portant avec des pieux. Une pratique risquée qui laissait des traumatismes sur leurs membres et leur crâne. Enfin, l'analyse de ce dernier laisse penser que ces chasseurs pouvaient parler.

L'idée qu'il n'y aurait eu qu'une seule espèce d'homme n'est donc pas si incongrue. La génétique essaie de trancher ce débat. Le séquençage se poursuivra jusqu'à l'obtention de la réponse ultime.

Cependant, ces brins d'ADN ne seront d'aucun secours pour lever un autre mystère attaché à Neandertal : pourquoi a-t-il disparu il y a 30 000 ans environ, les derniers rescapés se réfugiant en Espagne et en Croatie ? Longtemps, les paléontologues ont évoqué le climat. Un brutal refroidissement sur l'Europe aurait chassé les Neandertal, privés de leur régime alimentaire habituel fait de gros gibiers, vers le sud. Isolés, ils auraient alors disparu. Les

Cro-Magnon, dont l'alimentation était plus variée, auraient mieux résisté. En fin d'année 2008, une équipe internationale franco-américaine a mis à mal cette hypothèse. En simulant le climat de l'époque et en analysant la répartition connue des sites archéologiques, les chercheurs ont conclu que les icebergs n'étaient qu'indirectement responsables de la disparition des Neandertal. Le vrai coupable : Cro-Magnon ! Celui-ci n'était pas un enfant de chœur. Les historiens ont constaté la disparition des grands fauves à chaque fois que Cro-Magnon a débarqué sur un continent ! Cependant, il n'aurait pas forcément usé directement de sa force contre Neandertal. Ce dernier, contraint de se déplacer vers le sud à cause du changement climatique, aurait ensuite tenté de regagner le nord lors de l'épisode climatique suivant, plus chaud. Il aurait alors constaté l'installation des Cro-Magnon sur ses anciens territoires et se serait retrouvé isolé sur les côtes adriatiques et espagnoles jusqu'à sa disparition. Et si tout cela n'était qu'une première illustration de l'adage bien connu : qui va à la chasse perd sa place ?

NEZ

Comment sentons-nous les odeurs ?

De nos cinq sens, l'odorat est sans doute le plus mystérieux[1].

En tout cas, il l'est resté jusqu'en... 1991. Cette année-là, les Américains Richard Axel et Linda Buck ont fait une découverte révolutionnaire, en mettant en évidence, au niveau moléculaire, le premier récepteur d'odeur chez le rat. Enfin une piste solide pour comprendre notre odorat ! Cette découverte leur a d'ailleurs valu le prix Nobel de médecine en 2004.

Très vite, les chercheurs ont compris que chacun des récepteurs olfactifs trouvés correspondait à un seul gène et cela leur a simplifié la tâche. Chez les rongeurs ou les chiens, on arrive à un total de plus de mille gènes, quand chez l'homme on en compte un peu moins de mille. Seulement, premier mystère : les deux tiers sont en fait des pseudogènes, c'est-à-dire des gènes vestiges, qui ne commandent pas la fabrication des protéines réceptrices des odeurs[2].

1. Dans le détail, il est vrai qu'on ignore encore comment nos oreilles traitent aussi bien les signaux sonores, comment nos doigts arrivent à détecter des textures très précises…

2. Un gène est généralement une partie de la molécule d'ADN, support de l'hérédité. Lorsque nos cellules « lisent » l'ADN, elles commandent la fabrication de protéines, ces molécules nécessaires au bon fonctionnement de notre métabolisme. À chaque séquence génétique correspond une protéine, mais toutes les séquences ne remplissent pas uniquement cette fonction.

Aurions-nous donc perdu certaines capacités olfactives au cours de l'évolution… ?

Même amoindri, notre nez est loin d'être ridicule. On estime que l'homme peut identifier dix mille odorants différents. Sans compter les mélanges.

Immédiatement a surgi un nouveau problème. Si nous ne disposons que de mille récepteurs (ou plutôt trois cents, une fois retranchées les séquences non codantes), comment peut-on distinguer dix fois plus de molécules ? C'est dans les coulisses de notre nez que cela se passe. En fait, une molécule odorante peut activer plusieurs récepteurs[1]: sa signature est donc une combinaison de réponses des récepteurs. Une odeur n'est pas captée par un unique récepteur, mais par plusieurs, ce qui augmente le nombre d'odeurs distinguables. Le petit ordinateur qui traite ces combinaisons se situe dans le bulbe olfactif, où se rejoignent les milliers de neurones reliés aux récepteurs.

Il y a là un autre effet multiplicatif : le système mobilise en fait dix millions de neurones pour mille récepteurs. Le signal de chaque récepteur est ainsi recueilli par environ dix mille neurones, ce qui amplifie le signal de réponse.

Le bulbe olfactif joue donc le rôle d'amplificateur et d'intégrateur de tous ces signaux. Cependant, personne ne sait encore comment ce signal est codé… Dans les yeux, le codage est spatial, des molécules jouant le rôle de pixels sur un écran d'ordinateur. Mais pour les odeurs ? Cela pourrait être plus complexe. Des études ont démontré que le rythme respiratoire ou le vol (pour les insectes) influence la réponse olfactive. Le codage aurait donc aussi une composante dynamique et temporelle venant s'ajouter à la composante chimico-neuronale et statique.

---

1. Ce sont de petites molécules chimiques dont on sait qu'elles titillent nos naseaux et évoquent des… odeurs.

Dans le même ordre d'idées, les chercheurs ne savent pas vraiment ce qui se passe après, plus loin dans le cerveau. Notre nez n'a pas pour rôle de jouer les champions *ès* odeurs. Il commande l'envie de manger, de se reproduire avec tel ou tel partenaire, de s'écarter de produits ou de lieux suspects… Bref, les odeurs remplissent une fonction biologique qui nous échappe largement. Tout se passe comme si le signal neurologique se perdait après son passage dans le bulbe olfactif…

Ces quelques mystères sont déjà frustrants, mais il en est un encore plus irritant. En fait, on ne sait même pas ce qui se passe lorsqu'une molécule odorante atteint un récepteur ! Comment les récepteurs reconnaissent-ils les molécules ? Mystère. En général, la biochimie recourt à un modèle rodé, qui fonctionne dans bien des situations : le mécanisme dit « clé-serrure ». Si une molécule se fixe sur une autre, un changement de configuration spatiale s'opère et s'accompagne de diverses cascades biochimiques conduisant à une réponse positive du système. Un peu comme une clé actionne le mécanisme de la serrure.

Pour le nez, ce concept n'est pas vraiment opérant, car il conduit en effet à supposer que des molécules de même forme devraient conduire à une même réaction sensorielle (avoir la même odeur). Or il existe des molécules qui ne diffèrent entre elles que d'un simple atome de carbone et n'ont absolument pas la même odeur : l'une ne sent rien, l'autre sent l'urine, par exemple… Au contraire, des molécules de formes très différentes peuvent toutes deux sentir le musc.

En outre, chimiquement, les odorants ne semblent guère aimer leurs récepteurs. Les odeurs sont des molécules plutôt hydrophobes (c'est-à-dire qu'elles n'aiment pas l'eau), alors que le mucus qui recouvre les parois nasales est très aqueux, donc hydrophile. La clé aura donc du mal à trouver sa serrure. Autre mystère : le nez se montre réceptif aux très faibles stimuli. Comment une affinité si faible entre odorants et capteurs engendre-t-elle des réactions si vives ? Personne n'en sait rien, mais les chercheurs ont le nez dans le guidon…

En 2008, l'équipe de Roland Salesse (Inra) a démontré que l'odorant et son récepteur n'étaient pas seuls en jeu. Une troisième molécule, appelée protéine de liaison odorante, favorise ces rapprochements subtils. En revanche, le mécanisme précis de cette intermédiation n'est guère connu : ces molécules servent-elles de navette aux odeurs pour passer la barrière humide, ou bien de corécepteurs, s'associant à l'odeur pour former une molécule plus attirée par les récepteurs ?

Venant s'opposer à la théorie basée sur la forme des molécules, une autre hypothèse, controversée, a été formulée en 1996 par Luca Turin, ancien chercheur à l'Institut Pasteur. Pour lui, le nez se comporterait comme un détecteur de vibrations moléculaires. Que les molécules vibrent n'est pas une hérésie. C'est même de cette façon qu'on les identifie en laboratoire. À titre d'exemple, une fonction alcool ne répond pas aux mêmes fréquences qu'une fonction acide, de même qu'un atome d'azote n'a pas la même signature vibratoire qu'un atome de carbone. En fait, les molécules absorbent les fréquences qu'on leur envoie. Encore faut-il savoir comment le nez se montre réceptif aux fréquences ! En 2007, des physiciens de l'université de Londres ont certes élaboré un modèle théorique valable sur ce sujet, mais ils n'ont pu en démontrer la validité au stade empirique.

En outre, certaines molécules sont symétriques (comme la main droite et la main gauche) et semblent donc prouver la faiblesse de ce modèle. Leurs vibrations sont identiques ; pourtant, l'une peut sentir la rose et l'autre l'ananas ! En 2004, une expérience est d'ailleurs venue infirmer l'une des prédictions de Luca Turin. Selon lui, deux molécules, dont l'une possède un atome d'hydrogène remplacé par un atome d'hydrogène lourd, devraient avoir une odeur différente. Or les volontaires testés par le groupe de Leslie Vosshall (université Rockefeller de New York) n'ont pas pu faire cette distinction...

Les déboires des uns et des autres n'empêchent pas le monde des affaires de tourner. Luca Turin a ainsi été recruté par une start-up, Flexitral, pour créer des parfums artificiels. Ailleurs, des nez artificiels fleurissent : ce sont en fait des détecteurs électroniques miniatures identifiant rapidement une odeur (des poisons, toxiques, explosifs, mais aussi des fragrances plus agréables). Ils ne sont pas près de révéler les secrets de notre nez, mais au moins ils fonctionnent.

NOMBRES PREMIERS

Découvrira-t-on leur secret ?

Les nombres premiers sont la clé de voûte de la discipline mathématique. En 2000, la fondation Clay a même offert un million de dollars à qui percerait leur mystère, parmi « sept défis du millénaire ». La question cruciale est assez simple à résumer : à quoi ressemble l'ensemble des nombres premiers, ces briques fondamentales sans lesquelles rien n'est possible, un peu comme les particules pour les physiciens ou l'ADN pour les biologistes ?

Au premier regard, en mettant de côté d'éventuels traumatismes scolaires dus à l'ingestion difficile de PPCM et de PGDC[1], ils ont l'air assez triviaux et inoffensifs. Leur définition tient en quelques mots : ces nombres ne sont divisibles que par 1 et par eux-mêmes. Les plus petits sont très connus : 1, 2, 3, 5, 7, 11, 13, 17… Enfin, un puissant théorème, facile à démontrer, stipule que tout nombre entier peut se décomposer en produit de nombres premiers. Ainsi, $33 = 3 \times 11$; $63\,457 = 23 \times 31 \times 89$; $269\,217 = 3^3 \times 13^2 \times 59$… Qui plus est, cette décomposition est unique ! Mieux qu'une empreinte digitale ou un brin d'ADN ! La planète financière ne s'y est pas trompée, qui fait reposer la sécurité des transactions interbancaires (mais aussi des automates de retrait ou des achats sur

1. Le PPCM de deux nombres est le plus petit multiple commun entre eux. Le PGDC en est le plus grand diviseur commun. Ces deux nombres usent et abusent des nombres premiers.

Internet) sur l'utilisation des nombres premiers[1]. Bref, tout est parfait.

Alors quel est le problème ? Ou plutôt, pourquoi certaines questions taraudent-elles toujours les mathématiciens ? Par exemple, que se passe-t-il avec les très grands nombres ? Par « très grands », on entend des nombres dont les chiffres forment un enchaînement plus long que les caractères de ce chapitre ou de ce livre entier[2]. Certes, nous savons depuis Euclide qu'il existe une infinité de ces nombres, mais c'est presque tout. Plus on avance vers l'infini, moins on semble compter de nombres premiers. Entre 2 et 20, il y en a 8. Entre 2 et 100, 25. Entre 2 et 1 000, 168. Entre 2 et un million, 78 000. Cette densité continue-t-elle de baisser ? Tombe-t-on soudain sur un « nid » de nombre premiers ? Dans un vaste désert ? Trouvera-t-on une structure harmonieuse, ou au contraire chaotique, pour représenter la succession de ces entiers ? Rêve incroyable de mathématicien (et cauchemar de banquier) : existe-t-il une formule prédisant quel sera le énième nombre premier (aussi sûrement que 2 × n+1 vous donne le n+1^{e} nombre impair) ?

En fait, une importante conjecture a été formulée au sujet de la partition que jouent les grands nombres premiers. Elle a été vérifiée par des ordinateurs, mais en mathématiques cela ne saurait constituer une preuve. En 1859, le grand mathématicien allemand Bernhard Riemann a en effet émis l'hypothèse que l'ensemble des

1. Plus précisément, la sécurité repose sur le principe que s'il est facile de multiplier deux nombres premiers entre eux, il est très difficile (en pratique impossible pour les grands nombres) de retrouver ces facteurs premiers. Or, pour casser la méthode de cryptage, c'est cette opération qu'il faut faire. Une transaction bancaire est donc une opération mathématique qui consiste à manipuler de grands nombres premiers.

2. Le plus grand nombre premier connu contient près de treize millions de chiffres ! Il s'écrit ($2^{43112609}$) -1.

nombres premiers possède une structure dont la clé (pas simple tout de même) est donnée par une fonction. Lorsque cette fonction s'annule, un nouveau nombre premier n'est pas loin… Cette hypothèse comptait justement parmi les mystères à un million de dollars de la fondation Clay. Avant même l'annonce de cette récompense en cas de démonstration[1], les plus brillants esprits se sont cassé les dents sur ce problème. Riemann bien sûr, mais aussi Godfrey Hardy, John Nash (qui a reçu un prix Nobel d'économie) ou plus récemment Alain Connes. Des physiciens ont vainement tenté l'aventure, invoquant le chaos quantique.

En attendant, des sommets moins vertigineux ont été gravis. En 2004, un jeune génie australien, Terence Tao, et son compatriote Ben Green ont montré qu'il existait une infinité de suites arithmétiques de nombres premiers. Quèsaco ? Par exemple, la suite 3, 5, 7 comporte trois éléments séparés par le même intervalle de deux chiffres. De même 109, 219, 329, 439, 549 est une suite de cinq nombres premiers distants de 110 nombres. Tao et Green ont montré que cet exercice pouvait se répéter à l'infini. Le record est une suite de 23 nombres séparés de 44 546 738 095 860 unités…

Deux ans auparavant, la planète financière avait tremblé. Une équipe indienne dirigée par Manindra Agrawal avait mis au point un test numérique pour déterminer « rapidement » le caractère premier d'un très grand nombre. « Rapidement » signifie à l'aide d'une machine, évidemment ! Grâce à cette méthode, l'évaluation du caractère premier d'un nombre de plus en plus grand

1. L'argent est rarement le moteur des mathématiciens. Cette conjecture les motive, car il est probable que sa démonstration apporte subsidiairement de nouvelles idées ou permette d'établir des connexions entre des domaines parfois éloignés (géométrie, analyse, algèbre, probabilités…).

serait théoriquement plus rapide qu'en utilisant les méthodes actuelles[1]. Des pirates informatiques bien équipés pourraient-ils alors « casser » les codes protégeant les transactions financières ? Heureusement, l'idée des Indiens ne semble pas s'appliquer à l'opération sur laquelle repose l'authentification des cartes bancaires, laquelle consiste à trouver les deux facteurs premiers composant un très long nombre entier. Ouf !

Autre progrès important : en mai 2010, deux mathématiciens français du laboratoire de Luminy, près de Marseille, Christian Mauduit et Joël Rivat, ont démontré que l'ensemble des nombres premiers est bien « équilibré ». Plus précisément, il y a en moyenne autant de nombre premiers dont la somme des chiffres est un nombre pair que de nombres dont cette somme est impaire. Ce qui ne signifie pas que la répartition relève du hasard, mais c'est un premier pas.

Entre les assauts contre l'hypothèse de Riemann, la puissance des ordinateurs qui ne cesse de croître et la possibilité de fabriquer un ordinateur quantique[2] factorisant en deux coups de cuillère à pot, les banquiers ont de quoi avoir peur ! Ils commencent donc à s'intéresser à des objets mathématiques tout aussi robustes que les premiers, mais plus complexes : les courbes elliptiques. Cette nouvelle technique sera une bonne parade, puis connaîtra aussi des attaques... Un peu comme une cuirasse protège un soldat, mais reçoit toujours des projectiles.

---

1. C'est un résultat théorique important mais, dans la pratique, la méthode demeure plus lente...

2. L'ordinateur quantique n'existe pas encore. En fonctionnant selon une logique différente des classiques transistors et leurs unités d'informations, les bits de 0 et de 1, il pourrait rapidement résoudre les problèmes de factorisation. Saura-t-on le créer un jour ? Mystère... Décidément !

NUAGES

Aggravent-ils l'effet de serre ?

Faisons parler le bon sens populaire : chacun sait que les nuages font de l'ombre et qu'à l'ombre, il fait plus frais. Ainsi, en refroidissant l'atmosphère, les nuages ne peuvent aggraver l'effet de serre… Hélas ! cet argument simpliste, digne d'une brève de comptoir du café des sciences, n'est pas fondé. De même qu'il ne faut pas confondre météo et climat[1], il ne faut pas se baser sur des données locales (la fraîcheur d'un coin d'ombre en l'occurrence) pour énoncer une loi générale sur la température de la Terre.

En fait, les scientifiques n'ont toujours pas de réponse à cette question. Cette dernière révèle même toute sa complexité à quiconque souhaite modéliser le climat. Les nuages remplissent une double fonction, contradictoire : d'une part, la vapeur d'eau agit comme un parasol en limitant l'arrivée des rayons du Soleil sur la Terre et refroidit ainsi l'atmosphère ; d'autre part, elle fait office de couverture en empêchant le rayonnement de la Terre d'être dirigé vers les cieux. Ainsi, les nuages contribuent à l'effet de serre[2].

---

1. Un climat chaud n'interdit pas d'avoir quelques journées plus fraîches. Pour définir un climat, plusieurs années d'observations sont nécessaires afin de disposer de données sur la température, la pluviométrie, la pression moyenne des saisons, etc.
2. L'effet de serre est le bilan des rayonnements reçus et émis par la Terre. Une partie des rayons solaires est absorbée par la Terre ou réfléchie par sa surface. La Terre réémet alors des rayonnements sur d'autres fréquences et ceux-ci sont absorbés par les fameux gaz à effet de serre (CO_2, méthane…). L'atmosphère se réchauffe.

En outre, cet impact dépend évidemment du nombre et de l'épaisseur des nuages, donc de la couverture nuageuse en chaque point du globe. Cette dernière n'est connue que depuis quelques années, et encore pas partout. Pour cette raison, des satellites d'observation comme Parasol, Cloudsat ou Calipso ont été lancés ces dernières années.

Dernier problème : les nuages ne sont pas des paramètres « extérieurs » au système, qu'on ajoute ou retranche à notre guise. Ils font partie de la machinerie climatique. Un réchauffement pourrait donc créer plus ou moins de nuages. Or on ne sait absolument pas si l'évolution du climat engendre plus ou moins de nuages, ni à quelle altitude. Il semble acquis que les nuages de basse altitude produisent un effet inverse de celui des nuages de haute altitude… Tout dépend de l'humidité, des mouvements de convection de l'air, de la présence de particules ou pas…

Résumons : les nuages ont un impact contradictoire sur le climat, pouvant tantôt réchauffer l'atmosphère ou la refroidir. En retour, le climat crée plus ou moins de nuages… Sacrées équations. Dans leurs modèles climatiques, les spécialistes font donc jouer différents paramètres, mais ils semblent avoir majoritairement conclu à un effet positif des nuages sur le climat, c'est-à-dire à un réchauffement.

Ces équations à plusieurs variables étant le point faible des modélisations actuelles, elles nourrissent toutes sortes de discours. Ainsi, un scénario explique le réchauffement actuel par l'activité solaire. Selon que celle-ci est plus ou moins intense, la Terre reçoit plus ou moins de particules cosmiques. En arrivant dans l'atmosphère terrestre, ces dernières peuvent favoriser l'apparition de nuages, donc avoir un effet sur le climat. Hélas ! cette théorie ne dit pas grand-chose de l'altitude des nuages ainsi créés, ni des variations de l'activité solaire, assez délicates à prévoir (les raisons des sautes d'humeur du Soleil sont pour l'instant un autre mystère !).

Que de difficultés pour les tenants de la nouvelle discipline qu'est la géo-ingénierie, ou science de la modification du climat. Certains n'hésitent pas à proposer des solutions radicales pour refroidir la Terre, tel l'envoi de particules de sulfates dans l'atmosphère pour favoriser l'apparition de nuages « refroidissants » ! En 2008, une équipe du Centre de recherche sur l'atmosphère de Boulder (Colorado) a démontré l'efficacité de cette technique grâce à des simulations sur ordinateur. Cependant, les critiques ont fusé : cette méthode pourrait en effet avoir de nombreux effets pervers. Les glaces polaires pourraient augmenter et cette augmentation avoir des effets difficilement prévisibles. L'effet positif ne durerait quant à lui que le temps des injections. Enfin, personne ne sait non plus comment pulvériser ces particules de façon homogène. Or, des injections localisées pourraient avoir des effets inattendus.

Bref… les scientifiques garderont encore longtemps la tête dans les nuages.

OCÉANS

Le Gulf Stream disparaîtra-t-il ?

Certes, l'eau est nécessaire à la vie, mais pour ceux qui tentent de modéliser la machinerie climatique, l'eau est aussi synonyme d'enfer. Quel scientifique n'a pas rêvé de travailler sur Mars, où seuls la terre et le vent doivent être traduits en équations ? Ou sur une planète vraiment bleue, c'est-à-dire seulement liquide. Faire entrer tous les paramètres terrestres dans un ordinateur est d'une complexité infinie. Température, vents, pression, humidité, concentration en CO_2, courants marins, montagnes, forêts : que de données ! En outre, les équations de la mécanique des fluides sont particulièrement ardues à résoudre ; un petit tourbillon au sud peut déclencher une tempête au nord. Enfin, tous ces paramètres sont souvent interdépendants. L'océan absorbe la chaleur et la restitue dans l'atmosphère, mais bien plus tard. Le CO_2 de l'atmosphère est un gaz à effet de serre et contribue à ce titre au réchauffement climatique, mais il est aussi absorbé par les océans, qui en limitent finalement les effets. La chaleur d'un océan évapore l'eau, laquelle retombe en précipitations et favorise la végétation, elle-même piège à CO_2. En revanche, un trop-plein d'eau peut produire l'effet inverse. Et n'oublions pas que l'atmosphère, l'océan, la végétation ne sont guère statiques.

Aujourd'hui, les climatologues sont bien en peine de tout décrire et comprendre. Les petits malins des studios d'Hollywood se sont inspirés de leurs incertitudes pour bâtir le scénario du film catastrophe de Roland Emmerich, *Le Jour d'après*. Un excès de CO_2 réchauffe l'atmosphère et… plonge tout l'hémisphère nord sous la glace ! Cet événement *a priori* illogique est dû au rôle de l'océan, et en particulier du Gulf Stream, ce courant marin circulant dans l'Atlantique Nord. Pour les scénaristes, la hausse de la température extérieure met fin au phénomène. Malheureusement, les climatologues sont incapables d'affirmer quel serait l'impact véritable d'un réchauffement climatique sur le Gulf Stream. Néanmoins, ils sont en mesure d'affirmer que ces scénaristes ont fait une belle erreur.

L'Europe connaît en effet des hivers plus cléments que le Canada, par exemple. À la même latitude, il fait meilleur à Royan qu'à Montréal. Ce fait est indiscutable, mais pas sa cause. Le mythe de la présence du Gulf Stream a la vie dure et il a fallu qu'en 2002 un spécialiste de l'atmosphère, Richard Seager, tire les oreilles de ses confrères océanographes pour en venir à bout !

La vulgate veut que le Soleil chauffe davantage l'océan et l'atmosphère à l'équateur qu'aux pôles. Ensuite, cette chaleur serait transportée vers le nord par les courants marins du Gulf Stream longeant les côtes américaines. Dans l'Arctique, le courant redescendrait, apportant à l'Europe un peu de douceur en hiver. En fait, cette théorie mêle deux phénomènes bien distincts. Il existe bien un courant marin, le Gulf Stream, qui effectue cette boucle, mais il possède deux moteurs[1]. D'une part, les vents au niveau du golfe du Mexique puis, plus au nord, au niveau de l'Islande. D'autre part, l'eau, dont le débit dans l'océan Atlantique est de quinze millions de mètres cubes par seconde (quand

1. Les puristes considèrent que l'expression « Gulf Stream » ne devrait désigner que la partie ouest et nord-ouest de la boucle, et non sa partie descendante.

l'Amazone se traîne cent fois moins vite[1]). C'est la différence de densité de l'eau, liée à sa concentration en sel et à la température ambiante, qui explique ces données. Plus l'eau est dense, plus elle s'enfonce et coule vers les profondeurs.

Richard Seager considère que le Gulf Stream ne peut s'arrêter, car son moteur principal, le vent, n'est pas affecté par le réchauffement climatique, mais dépend essentiellement du réchauffement solaire à l'équateur. En outre, en recourant à une modélisation informatique, le chercheur peut simuler un arrêt du transport de chaleur de l'océan ; il parvient ainsi à démontrer que l'écart de température entre Royan et Montréal ne varie pas beaucoup, même dans cette situation. Selon lui, c'est la circulation atmosphérique qui importe[2]. *Exit* donc le scénario hollywoodien ?

Pas tout à fait, car la machinerie climatique est complexe. L'océan est un réservoir à chaleur plus lent que l'atmosphère, reconnaissent les océanographes. En première analyse, il n'occupe pas un rôle primordial dans la formation des climats. Cependant, il pourrait avoir un effet à plus longue échéance. Par exemple, que se passerait-il si le second moteur du Gulf Stream, appelé circulation thermoaline, s'arrêtait ? Le réchauffement atmosphérique conduirait en effet à la fonte des glaces de l'Arctique, donc à l'apport massif d'eau douce au nord et à l'arrivée d'une eau moins dense (car moins salée) qui ralentirait la plongée des eaux denses (car froides). Autrement dit, le débit colossal du « fleuve » océanique pourrait ressentir les effets d'un tel arrêt. La chaleur de cette masse d'eau

1. En fonction des lieux, le Gulf Stream peut atteindre des débits encore plus importants.
2. Plus précisément, il décrit un système de vents aux orientations différentes en Amérique et en Europe, en raison de la présence des montagnes Rocheuses.

serait moins bien transportée et l'Europe connaîtrait le fameux refroidissement cataclysmique de la fiction. Problème : les modèles climatiques élaborés jusque-là n'apportent pas de réponse univoque sur le ralentissement du débit de la circulation thermoaline. Ils n'arrivent même pas à rendre correctement compte de la valeur actuelle du débit du Gulf Stream. Quant à parier sur les conséquences d'une variation de débit !

Et ce n'est là qu'un exemple des relations mystérieuses entretenues par l'atmosphère avec l'océan. D'autres situations interpellent les chercheurs. Quel lien existe-t-il, par exemple, entre un autre courant célèbre, El Niño, et le climat ? El Niño agit dans le Pacifique, au large de l'Amérique du Sud mais, contrairement au Gulf Stream, son intensité est périodique. Tous les sept à dix ans, il se fait très vif. Son retour et sa force sont cependant difficiles à prévoir. Ce courant a pour effet de réchauffer les eaux, ce qui est en général favorable à la pêche, mais il s'accompagne également de pluies diluviennes au nord de l'Amérique du Sud et jusqu'en Asie, voire de typhons. Aujourd'hui encore, les climatologues cherchent à comprendre une éventuelle influence d'El Niño sur le climat, ou vice-versa. Ainsi, le réchauffement climatique pourrait affaiblir ou renforcer ce courant marin.

De même, encore plus au sud, un courant marin fait le tour du monde en passant au large du cap Horn. Ce courant dit « circumpolaire antarctique » est le plus puissant de tous et aucun continent ne l'arrête. Comment se couple-t-il aux courants ici évoqués ? Influe-t-il sur le climat ? Là encore, les questions demeurent sans réponse.

En 2007, une équipe anglaise a démontré (en effectuant des mesures) que certains phénomènes de couplage entre les courants étaient dix fois sous-estimés dans les simulations numériques ! Les modèles, comme les marins, n'aiment pas trop se frotter à ces régions tumultueuses.

ONDES

Sont-elles dangereuses ?

L'année 2009 a été marquée par l'apparition d'un nouvel acteur scientifique : le juge. Des tribunaux ont tranché, assénant leur sentence à la manière d'une vérité scientifique : les ondes électromagnétiques[1] sont dangereuses.

Par trois fois, en début d'année 2009, ils ont ainsi décidé de faire démonter des antennes de relais téléphonique ou d'interdire leur implantation, à la suite de plaintes déposées pour « trouble anormal du voisinage[2] ».

Évidemment, certains scientifiques sont montés au créneau pour dénoncer ces décisions. En tête, l'Académie de médecine qui, en mars 2009, a publié un avis rappelant ce que la science sait des ondes et concluant peu ou prou à leur caractère inoffensif.

En fait, ces académiciens et scientifiques ont interprété ces jugements un peu vite. Ceux-ci ne défendent pas une thèse scientifique considérant les ondes comme nocives ; ils n'entendent pas établir les méfaits causés par ces ondes. Au contraire, ils entérinent les controverses scientifiques sur ce

---

1. Une onde se caractérise par sa fréquence (nombre de pics d'amplitude par seconde), et son amplitude (la hauteur du maximum). La première propriété s'exprime en hertz (Hz). La seconde en volt par mètre (V/m) pour la partie « électrique » et en tesla pour la partie « magnétique ». Dès lors que des charges électriques sont en mouvement, un rayonnement électromagnétique se produit. Celui-ci peut servir à porter de l'information, comme dans le cas des ondes de téléphone portable ou de télévision.
2. Des jugements contraires ont aussi été rendus, déboutant les plaignants.

point et établissent l'existence d'un risque potentiel. Les juges ont ainsi voulu prévenir la survenue d'un danger... Petite nuance[1]. Or, à la vue du dossier scientifique, ils n'ont peut-être pas tort...

Un survol rapide des rapports officiels laisserait penser que les agences gouvernementales ou institutionnelles, tels l'Afsset en France, le Scenhir en Europe, ou l'Organisation mondiale de la santé (OMS), concluent à l'absence de risques présentés par l'émission de champs électromagnétiques lorsque les normes en vigueur sont respectées. En fait, tous ces rapports pointent du doigt quelques dangers. Par exemple, les champs magnétiques de 50 Hz (basse fréquence), émis notamment par les lignes électriques, augmentent faiblement le risque de leucémie à partir d'une certaine intensité. Dans le cas des champs émis par les téléphones ou les antennes, les experts se réfèrent au cas particulier des enfants, mais avouent l'absence d'études globales. Ils préconisent donc un usage modéré du téléphone portable pour les adultes, ainsi que des kits « mains libres ». Enfin, si des normes limitent la puissance des antennes-relais, c'est bien qu'il existe un danger avéré[2]. Alors, puisque ces risques existent, pourquoi critiquer les juges ? En fait, le débat porte sur d'autres points, bien moins consensuels.

Prenons le risque d'apparition de tumeurs cérébrales après dix ans d'une utilisation assez intensive d'un téléphone portable. C'est le professeur suédois Lennart Hardell et

1. Cela ressemble à l'application du principe de précaution, mais les juges n'ont pas tous fait référence à ce concept.

2. Les normes dont il est ici question concernent la puissance des antennes-relais installées sur les toits ou les pylônes pour recevoir et émettre les signaux des téléphones portables. Elles expriment le champ électrique maximal que peut rayonner une antenne. Par exemple, pour les téléphones GSM, elles sont, dans un voisinage immédiat, de 41 V/m. Le champ diminuant avec la distance, cette intensité n'est, en général, pas celle à laquelle sont soumis les riverains de ces antennes. Par précaution, des associations demandent que personne ne soit exposé à plus de 0,6 V/m.

son équipe de l'hôpital universitaire Örebro qui ont mis au jour ce risque et ont exigé une baisse des seuils d'émissions réglementaires, afin de protéger les usagers. Problème : ces résultats n'ont pas été corroborés par d'autres équipes. Plus exactement, les résultats de l'étude internationale (appelée *Interphone*) qui devait faire toute la lumière sur les risques de l'utilisation des téléphones portables se font attendre depuis plusieurs années, les experts ne pouvant s'entendre sur les conclusions ! Visiblement, il y a donc controverse.

Et si les normes actuelles nous protègent bien du risque de « cuisson », d'autres dangers nous pendent au nez. En effet, une onde, lorsqu'elle est absorbée par le corps, l'échauffe. Si la température monte trop, le métabolisme, fonctionnant de manière optimale à 37,5 °C, est perturbé ; des complications peuvent survenir. Les dispositions réglementaires tiennent donc compte de cet effet. Cependant, les ondes n'ont peut-être pas que des effets « thermiques ». Elles pourraient avoir des suites biologiques et agir directement sur nos cellules. Et si c'était avéré, alors il faudrait revoir les normes en vigueur !

Justement, plusieurs études se sont fait l'écho de tels risques. En 2007, un rapport indépendant et international, *Bioinitiative*, a recensé près de 1 500 études plutôt inquiétantes ! L'expression des gènes serait altérée, des brins d'ADN seraient cassés, la barrière biologique qui empêche des molécules de passer du sang au cerveau tomberait... Examinés dans le détail, ces travaux peuvent tous être critiqués[1] :

1. Dans son dernier rapport, paru à la mi-octobre 2009, l'Afsset a épluché toute cette littérature et conclu que, sur une centaine d'études, moins d'une dizaine pouvaient être considérées comme solides. La science ne se faisant pas au « poids », l'Afsset a considéré que cette petite dizaine d'études « sérieuses » justifiaient la demande d'une baisse des expositions d'ondes sur les personnes, dans la mesure du possible. Autre constat : il n'est pas certain que ces effets biologiques au niveau des cellules déclenchent des pathologies.

résultats non reproduits ou observés par d'autres équipes de recherche, extrapolations faites à partir de quelques cellules et pas toujours des cellules humaines... Quelques gènes altérés ne suffisent pas à déclencher une maladie... Durant l'été 2009, un organisme officiel, l'Icnirp, s'est chargé de contredire les conclusions de *Bio-initiative*. D'où la position tranchée de l'Académie de médecine sur l'absence de risques. Cependant, les associations militantes soulignent que l'Icnirp, l'Académie et d'autres institutions sont parfois plus que réceptives aux sirènes de l'industrie et que les conflits d'intérêts existent.

Ajoutons que la poursuite des recherches sous-entend évidemment l'existence potentielle d'un risque...

C'est donc là que réside la controverse : les ondes ont-elles des effets encore insoupçonnés ? Faut-il réviser les normes ? Pour les juges, tout éventuel risque doit être prévenu. Pour les opérateurs, la prévention constitue un frein au déploiement de leurs technologies. Le téléphone portable n'est pas le seul concerné ; on nous promet un téléphone du futur à haut débit *via* des fréquences plus élevées (appelées UMTS ou 3G), mais aussi l'Internet sans fil à la ville comme à la campagne grâce au Wimax, une nouvelle technique proche du Wi-Fi. On n'a pas fini d'entendre parler des ondes...

OREILLE ABSOLUE

D'où vient-elle ?

Tout le monde n'a pas l'oreille musicale. Et encore moins l'oreille absolue. Bach et Mozart l'avaient. Schumann et Wagner, non. Le terme désigne la capacité à identifier les notes et surtout à les nommer correctement, sans repère (le *la* d'un diapason, par exemple). C'est donc plus impressionnant que de savoir déterminer l'intervalle qui sépare deux notes (ce qui n'est tout de même pas rien, puisque cela évite de chanter faux !). Les porteurs de l'oreille absolue peuvent identifier plus de soixante notes, soit plus de cinq octaves de douze notes.

Ce talent, dont une personne sur dix mille est dotée, a un petit air de famille avec un don beaucoup plus commun, celui qui consiste à nommer les couleurs. Si le fonctionnement de nos yeux est plutôt bien compris, les explications concernant l'oreille tournent vite à la cacophonie. Quelle différence y a-t-il entre une oreille absolue et une oreille « quelconque » ? Cette capacité est-elle innée ou acquise ? Est-ce héréditaire ? À quoi cela sert-il au fond ? Lorsqu'il s'agit de répondre à ces questions, les chercheurs ne sont pas sur la même longueur d'onde. Ainsi, les articles consacrés à ce sujet comportent souvent les mots « controverse », « absolument faux », « mystère »… Et les points d'interrogation y sont légion.

Première dissonance : peut-on très nettement distinguer les détenteurs de l'oreille absolue des autres, ceux qui en sont dépourvus ? Selon une étude menée en 2007 par l'université de Californie sur un panel de dix mille personnes, deux groupes distincts sont effectivement observables. Les uns identifient correctement les notes ; les autres non. Cela dit, certaines études précédentes avaient plutôt mis en évidence une sorte de continuum entre ces deux extrêmes. Des musiciens dépourvus de l'oreille absolue réussissent très bien les tests, tandis que des porteurs d'oreille absolue… se trompent ! D'ailleurs, l'oreille absolue peut même handicaper certains musiciens, comme le fait remarquer le spécialiste ORL Claude-Henri Chouard. Des musiciens ont ainsi vivement protesté contre la mode du baroque, qui impose un changement de fréquence du diapason de référence. Devant ce type d'œuvres, ils se trouveraient tout aussi démunis que devant un étal de bananes orange !

La deuxième dissonance entre chercheurs concerne l'organe lui-même. Pourrait-on observer des différences d'ordre physiologique entre une oreille absolue et une oreille « ordinaire » ? *A priori*, la manière dont les oreilles détectent les sons est différente de celle dont les yeux perçoivent les images. Ces derniers fragmentent les fréquences lumineuses en plusieurs catégories (ou couleurs) à travers les cônes de la rétine. L'oreille, elle, semble plutôt traiter le signal de façon continue le long de la cochlée, cette spirale à l'intérieur de l'oreille. Cependant, l'analyse de l'oreille de huit cents musiciens issus de différents orchestres a permis à Claude-Henri Chouard de détecter chez eux un organe plus « musclé », c'est-à-dire plus apte à discriminer les différentes fréquences. *A contrario*, Daniel Levitin, de l'université McGill (Canada), rappelait en 2004 qu'aucune preuve de l'existence dans le cerveau de réseaux neuronaux activés par des fréquences sonores particulières n'avait été faite. Contrairement aux fréquences lumineuses.

Les scientifiques sont tombés d'accord sur un point : le cerveau des individus dotés de l'oreille absolue fonctionne d'une manière assez particulière. Grâce à l'IRM, il a été constaté que les sons activent les zones de la mémoire de long terme pour les cerveaux « absolus », tandis que c'est la mémoire de travail qui est stimulée chez les cerveaux « classiques ». Les régions cérébrales mobilisées dans la perception du langage ou de la musique sont également de taille différente chez ces deux populations. Il semble aussi que ce processus de perception mobilise deux zones différentes, l'une réagissant directement aux sons et l'autre étant activée lorsqu'on tente d'étiqueter la hauteur du son. Ainsi, l'énigme ne réside pas dans la perception du son, mais plutôt dans son étiquetage, dans la capacité à nommer les choses. Reste un point mystérieux : ces différences physiologiques sont-elles la cause ou la conséquence de l'oreille absolue ?

Enfin, la question la plus ardue est d'ordre génétique. Il s'agit de faire la part de l'acquis et de l'inné. La famille Bach illustre bien le caractère potentiellement héréditaire de cette faculté. En effet, les parents de Jean-Sébastien étaient musiciens et possédaient vraisemblablement l'oreille absolue. En 1998, une étude de Siamak Baharaloo (université de Californie) a démontré que les enfants dont les parents possèdent l'oreille absolue ont plus de chances d'être également dotés de cette disposition.

De même, la proportion d'oreilles absolues est plus grande chez certains peuples. Elle est plus forte chez les Asiatiques que chez les Européens. En 2009, une étude de l'université de Californie a permis d'analyser les gènes de dix mille volontaires. On a également testé leurs dispositions musicales : l'oreille absolue semble être portée par le chromosome 8.

Pourtant, toutes ces recherches ne sont pas si concluantes. L'oreille absolue est indiscutablement liée à la capacité de nommer les notes et à la mémorisation des sons. Ainsi, l'éducation reçue au sein d'une famille de musiciens favorisera évidemment le développement de l'oreille absolue. La capacité de distinguer les sons reçue en héritage resterait vaine sans apprentissage par l'enfant du nom des notes ! Un trait peut être familial, sans pour autant être génétique. Il est donc délicat de distinguer le culturel du génétique. L'idéal : travailler avec des jumeaux séparés à la naissance et ayant reçu une éducation musicale différente. Cela n'a jamais été fait.

En outre, l'étude de Bahraloo se fondait sur les déclarations des volontaires, et non sur un véritable test de leur oreille absolue. Quant à l'étude génétique menée en 2009, elle n'a fourni que des données statistiques incomplètes, de l'aveu même des chercheurs l'ayant conduite.

Enfin, l'inégale répartition géographique de cette capacité n'est pas la preuve d'une différence génétique. On sait que les méthodes d'apprentissage de la musique varient selon les pays et continents. En outre, les langues asiatiques, tel le mandarin, ne mobilisent pas les mêmes tonalités que les langues européennes. Ainsi, une étude américaine menée en 2006 a démontré que, parmi les étudiants d'un même campus ayant reçu une éducation musicale à l'âge de quatre ou cinq ans, 60 % des Chinois ont l'oreille absolue contre 14 % de locuteurs anglais. Lorsque l'initiation à la musique a commencé plus tard, après l'âge de huit ans, alors les Chinois sont encore 42 % à posséder l'oreille absolue et aucun « Anglais » n'a cette faculté. Le langage semble donc être une piste d'interprétation pour percer le secret de l'oreille absolue.

À ce point de notre démonstration, on peut également s'interroger sur l'intérêt de la compréhension d'une faculté somme toute assez rare, qui a tendance à disparaître et qui ne peut être enseignée (bien que des méthodes commerciales le prétendent) ! Bien entendu, le caractère mystérieux de ce don suffit à justifier les recherches, mais en fait, ces dernières sont surtout un formidable moyen d'investigation de nos capacités cognitives. Par l'analyse de différentes fonctions (réponses à des stimuli, mémoire, apprentissage, capacité à nommer, langage...), elles permettent d'explorer la complexité de notre cerveau.

Certains en sont venus à considérer que cette capacité préexiste chez tous les êtres humains, mais qu'elle disparaît, inhibée par le langage durant l'enfance, sauf dans les cas particuliers déjà évoqués : l'apprentissage d'une langue aux tonalités spécifiques, comme le mandarin ou le vietnamien, ou bien l'éducation musicale précoce.

En 2005, dans un livre sur les origines de la musique, l'archéologue Steven Mithen est même allé plus loin. Le langage et la musique ont une origine commune, formant ensemble une sorte de protolangue et de protomusique que le chercheur a baptisées « Hmmm ». Ce grognement est un acronyme pour « Holistique mimétique musicale multimodale ». Pour nos ancêtres, un « chant » avait un double sens, donné par les mots *et* par les sons, ce que l'auteur explique dans son livre *Le Neandertal chantant*. L'évolution, par le développement d'un langage plus perfectionné, aurait alors conduit à la disparition lente de l'oreille absolue, devenue inutile pour communiquer.

OVNIS

Les vaisseaux extraterrestres existent-ils ?

Que viennent faire les extraterrestres, les soucoupes volantes et autres objets volants non identifiés dans un livre sur les énigmes scientifiques ? Eh bien, les chercheurs s'y intéressent ! Des « officiels », des croyants, des sceptiques et même des sociologues analysent la communauté des « ovnistes » ou ufologues.

Un argument scientifique récurrent permet de justifier la recherche sur les E.T., ovnis et autres « pans » (phénomènes aéronautiques non identifiés), sans trancher pour autant la délicate question de la réalité de leur existence. L'univers est si vaste, disent les scientifiques, que la probabilité qu'une vie existe en dehors de la Terre ne saurait être nulle…

En 1961, l'astronome et astrophysicien américain Frank Drake a même tenté une estimation numérique de cette probabilité, en mêlant en une seule équation nombre d'étoiles, nombre de planètes et durée de vie d'une « civilisation »… Chacun des termes de sa formule est assez incertain, mais, selon les hypothèses, cette probabilité de vie extraterrestre n'est pourtant pas si négligeable. Dix ans plus tôt, un autre physicien, Enrico Fermi, a également admis l'existence possible d'une autre intelligence dans l'univers, mais en posant une question, plus connue sous l'appellation « paradoxe de Fermi » : si les extraterrestres existent, comment se fait-il que nous n'ayons pas eu le moindre contact avec eux ? Et il s'est demandé où ces derniers pouvaient bien se trouver. Les théories tentant d'expliquer pourquoi nous ne « voyons » pas ces « intelligences supérieures » ont alors éclos par dizaines…

Pour certains, la réponse est évidente : les extraterrestres sont bien là. Leur première apparition dans la presse remonte au 24 juin 1947. Ce jour-là, le pilote d'avion et homme d'affaires américain Kenneth Arnold a observé neuf engins étranges en plein après-midi. Ils seront qualifiés de « soucoupes volantes » dans un article publié le lendemain… Le début d'une longue histoire mondiale, avec ses hauts et ses bas. Observations d'engins, de lumières étranges, récits d'enlèvements, canulars… tout y est passé. Plusieurs groupes de « scientifiques » ont alors décidé de se frotter au problème.

Côté « science officielle », la France se distingue. Elle n'a pas la palme de la première observation[1], mais elle s'est dotée d'un (petit) organisme de recueil et d'analyse des témoignages sur les phénomènes inexpliqués.

À la fin des années 1970, Claude Poher, un ingénieur du Centre national d'études spatiales (Cnes), s'est passionné pour le sujet et a compilé plusieurs rapports étrangers. En 1977, ses actions de lobbying ont permis la création d'un groupe destiné à collecter les données nationales au sein du Cnes, le Gepan (Groupe d'études des phénomènes aérospatiaux non identifiés). En 1989, le Gepan est devenu le Sepra (service d'expertise des phénomènes rares atmosphériques[2]). Son responsable,

1. La première apparition médiatisée en France remonte à 1951, lorsque deux avions de chasse militaire tentent de s'approcher d'un engin inconnu, qui s'échappe rapidement.

2. Les crédits diminuent (comme dans d'autres branches de la recherche) et les événements répertoriés sont de moins en moins nombreux. Dans son livre *Petit Traité de l'imposture scientifique*, Aleksandra Kroh raconte qu'un faux enlèvement par des extraterrestres signalé en 1979 (et dénoncé quelques années plus tard) a aussi compté dans la décision de dissoudre le Gepan.

Jean-Jacques Velasco, a alors un peu trop souvent pris parti en faveur de thèses extraterrestres et le groupe a été dissous. En 2005, il est refondé sous le nom de Geipan (groupe d'étude et d'information sur les phénomènes aérospatiaux non identifiés) ; décision est prise de mettre en ligne l'ensemble des archives accumulées depuis trente ans. Aussitôt dit, aussitôt fait : au printemps 2007, les serveurs « explosent » sous la demande !

Aujourd'hui, le calme est revenu… La masse de données accumulées n'a guère permis de trancher. En trente ans, 6 000 témoignages concernant plus de 1 500 événements ont été recueillis (tous ne sont pas encore en ligne[1]). 10 % sont classés A (c'est-à-dire « expliqués avec preuve »), 29 % B (« expliqués avec conviction des enquêteurs »), 34 % C (« données trop pauvres pour une analyse ») et 22 % D (« inexpliqués »). 5 % sont inclassables. Ces 22 % de cas « inexpliqués » peuvent sembler importants, mais les sceptiques font valoir que seuls comptent les 39 % d'événements expliqués, les cas litigieux ne l'étant sans doute que par manque de données de qualité.

D'autres pays ont officiellement conclu dans le même sens. Les États-Unis ont mis fin à leurs investigations en 1970, après la parution d'un rapport d'experts, le *Blue Book*, qui concluait que 1 164 cas sur 1 593 répertoriés avaient été expliqués. Les autres cas demeuraient trop flous pour être tranchés. Des services analogues au Geipan, en Angleterre ou en Suède, ont également rendu leurs archives publiques, sans exhumer de faits vraiment troublants.

Enfin, citons une autre initiative « officielle » : le projet international SETI (Search for Extra-Terrestrial Intelligence[2]), qui tente de répertorier d'éventuels indices de

---

1. Officiellement la gendarmerie et la police nationales sont chargées de recueillir les témoignages. Un protocole d'accord avec le Cnes fixe les règles à suivre.
2. http://setiathome.free.fr/

présence non humaine dans la galaxie grâce aux signaux radio reçus par des télescopes terrestres. Le principe : faire participer un maximum d'ordinateurs individuels à cette quête, restée vaine pour le moment.

En dehors des circuits officiels, d'autres scientifiques (plus ou moins amateurs) sont à pied d'œuvre. En France, Jean-Pierre Petit[1], astrophysicien du CNRS à la retraite, est sûrement le plus célèbre d'entre eux. Son aura est telle qu'il a réussi à faire émerger un petit groupe, Ufo-science, qui réalise des investigations scientifiques sur ce thème. Ses membres veulent mettre au point de rigoureuses méthodes de recueil de données sur le terrain. Première démarche : analyser d'éventuelles modifications biologiques sur les végétaux se trouvant près de « l'atterrissage » (quelques cas d'apparitions font en effet référence à des événements laissant des traces sur le sol). Deuxième idée : diffuser à grande échelle un petit système optique, dit « bonnettes à réseau », qui décompose la lumière reçue par un appareil photo, voire un téléphone portable doté d'un appareil photo. L'arc-en-ciel résultant apporterait des informations précieuses sur la nature de l'objet non identifié (solide, gazeux ou plasma[2]). Enfin, l'autre voie de recherche est bien plus spéculative. Jean-Pierre Petit est en effet persuadé que les extraterrestres existent et sont déjà venus sur Terre. Ils lui auraient même communiqué les secrets d'une technologie révolutionnaire permettant d'atteindre des vitesses colossales tout en diminuant les effets parasites, tels la turbulence et le mur du son…

Du temps où il travaillait encore au CNRS, il avait même entamé des recherches sur la magnéto-hydrodynamique, le nom du phénomène physique soufflé à ses

1. www.ufo-science.com
2. Le plasma est un état qui n'est ni gazeux, ni solide ; la matière est ionisée, c'est-à-dire que les atomes ont perdu un ou plusieurs électrons.

oreilles par les extraterrestres. Selon lui, les résultats qu'il aurait obtenus auraient été « dérangeants » et il se serait vu privé de crédits lui permettant de continuer ses recherches. En fait, la MHD n'est pas en elle-même un phénomène physique extraordinaire. Le terme existe en électromagnétisme. La polémique porte sur sa mise en œuvre et les performances qu'il est possible d'en tirer. Selon Jean-Pierre Petit, les Américains disposent déjà de cette technologie pour leur armement. Lui préférerait qu'elle favorise les voyages spatiaux. Dans un garage, son association va donc reprendre ses travaux sur la MHD.

Face au camp des croyants, il y a bien sûr les sceptiques. À l'université de Nice par exemple, le laboratoire de zététique[1], spécialisé en réfutation de phénomènes paranormaux, a analysé quelques cas célèbres d'ovnis et a toujours apporté une explication rationnelle. Les pierres de météorites, les ballons-sondes météo, les débris de satellites, les avions ou les satellites dans certaines conditions météorologiques, une confusion avec la Lune (!) sont autant d'explications généralement avancées. Il y en a beaucoup d'autres, plus subtiles, que le laboratoire détaille dans un livre récent : *Les Ovnis du Cnes*[2]. Au-delà d'une réfutation primaire des croyances en une vie extraterrestre, ces explications révèlent la beauté et la complexité de la nature.

Il est fort possible que des phénomènes restent inexpliqués, sans que soit pour autant faite la preuve de l'existence de soucoupes volantes ou d'engins militaires révolutionnaires. Les aurores boréales ne sont pas si simples à comprendre, mais elles sont pourtant « naturelles ». Les boules de foudre rendues célèbres par Hergé dans *Tintin et les sept boules de cristal* n'ont toujours pas été expliquées de manière convaincante. En Norvège, à

1. http://www.unice.fr/zetetique/articles/index.htlm#ovnis
2. Voir le site book-e-book.com

Hessdalen, de mystérieux phénomènes lumineux sont régulièrement enregistrés dans les collines, à peu près trente fois par an ! On n'a guère trouvé d'explication, mais de là à convoquer les extraterrestres ! En tout cas, d'après les recherches du laboratoire de zététique, rien dans les archives du Geipan ne laisse penser que les extraterrestres puissent exister[1].

Toujours est-il que le « champ » de la croyance en une vie extraterrestre (avec ses avis divergents de spécialistes et ses témoignages d'amateurs…) est un terrain d'étude idéal pour les sciences humaines. L'anthropologue et sociologue Wiktor Stozckowski y voit la manifestation d'une quête alternative d'accès à la connaissance, une troisième voie parallèle à la science et à la religion. Les croyants réfutant l'autorité de la science, rien ne peut réellement ébranler leurs convictions. Cette explication vaut aussi dans le cas du yéti (voir sur ce point le chapitre « Yéti », p. 289).

Un autre sociologue s'est spécialisé en ufologie (la « science » des ovnis). Pierre Lagrange, du laboratoire de sociologie de l'innovation de l'École des mines à Paris, s'interroge sur une éventuelle construction par les scientifiques du mythe des extraterrestres observés par des profanes. Il s'agirait pour eux de défendre leur pré carré et leur vision d'une recherche « sérieuse » et légitime. Ils n'ont évidemment pas fait voler des soucoupes volantes pour impressionner les foules, mais en « méprisant » les témoignages de quidam et en parlant de crédulité, d'irrationalité, voire de folie, ils s'octroieraient toute la légitimité en matière de quête rationnelle et scientifique d'une réponse. Selon Pierre Lagrange, ces témoignages

1. Évidemment, le camp des « croyants » avance l'hypothèse que les Gepan, Sepra, Geipan ne sont qu'une coquille vide destinée à amuser la galerie pendant que de « vraies » recherches sur le sujet sont menées en secret (www.cnes-geipan.fr).

d'individus ordinaires ne sont qu'une manifestation naturelle de la curiosité et de l'interrogation humaines… Or ces qualités sont l'apanage des scientifiques et ces derniers ne souhaiteraient pas partager leurs attributs !

Le sociologue propose aussi une alternative originale au paradoxe de Fermi. Il se peut très bien que des extraterrestres viennent sur Terre pour nous observer, comme un ethnologue étudie un peuple ou un éthologue un groupe d'animaux. Les singes, les souris ou les corbeaux n'ont peut-être pas conscience d'être des objets d'étude. Nous, pauvres humains, sommes peut-être un objet d'étude pour les extraterrestres. « Nous sommes les babouins du cosmos », résumait le chercheur dans *Sciences et Avenir* d'août 2006… La proposition risque d'être difficile à réfuter.

Pour faire avancer le débat, le chercheur en appelle finalement (et comme tout le monde) à un peu plus de rigueur… scientifique.

PIGEON VOYAGEUR

Comment s'oriente-t-il ?

La cigogne blanche quitte l'Europe à la fin de l'été pour piquer vers le Sahara, 12 000 kilomètres plus au sud, et revenir l'année suivante. Dans ses quartiers d'hiver, elle est rejointe par le traquet motteux qui, lui, arrive de Scandinavie ou d'Alaska. La sterne arctique, elle, bat tous les records de distance, faisant pratiquement le tour du monde, depuis l'Arctique, où elle se reproduit, à l'Antarctique où elle restera trois mois, en passant par les côtes africaines, voire américaines, pour profiter au maximum du soleil. Même les rouges-gorges migrent ! Mais comment font tous ces oiseaux pour garder le cap, qu'il pleuve ou qu'il vente, que le temps soit couvert ou qu'il fasse nuit ?

Contrairement à ces charmants volatiles qui ne perdent jamais le nord, les chercheurs semblent un peu perdus… Comment expliquer cet étonnant sixième sens ? Certes, depuis cinquante ans, des expériences ont été menées sur des dizaines d'espèces migratrices, qui ont fait progresser la recherche. Ainsi, les scientifiques disposent d'une liste à peu près exhaustive de tous les signaux dont les migrateurs pourraient se servir pour s'orienter : la position du Soleil dans le ciel, celles des étoiles la nuit, des repères visuels tels que les montagnes ou les fleuves, le champ magnétique et enfin les odeurs.

Le rôle du Soleil et des étoiles est connu depuis les années 1950 et les fameuses expériences de l'Allemand

Gustav Kramer. Enfermés dans une cage où, par des effets de miroir, est recréé le déplacement du Soleil (ou des étoiles), les pigeons et les étourneaux suivent la position de ces signaux lumineux. Pourtant, les oiseaux ne pourraient se repérer correctement en n'utilisant que ces signaux visuels. Certes, ils ont bien compris que leurs repères varient au cours de la journée. Le Soleil « tourne ». Dans l'hémisphère nord, il se lève à l'est et se couche à l'ouest. Mais s'ils ne veulent pas perdre le nord, alors ils doivent également avoir intégré quelques notions de temps. C'est ce qu'a démontré un autre Allemand, Klaus Schmidt-Koenig, dans les années 1960. Ce chercheur a déréglé l'horloge interne des pigeons en décalant l'alternance jour/nuit. Après ce « traitement », les oiseaux ont décollé dans une direction en décalage avec celle adoptée par leurs congénères.

Peu de temps après, un couple d'ornithologues, allemands eux aussi, Roschwita et Wolfgang Wiltschko, a mis en avant le rôle du champ magnétique. Des rouges-gorges placés dans des cages où régnait un champ magnétique inversé par rapport au champ normal se sont envolés à l'opposé de leur direction habituelle.

Plus tard, ces chercheurs ont découvert que les oiseaux étaient en fait sensibles non à la polarisation du champ (c'est-à-dire la position des pôles Nord et Sud), mais à son inclinaison par rapport à la verticale. À l'équateur, cette inclinaison est nulle, tandis que dans l'hémisphère nord, elle est négative (et positive au sud). Les oiseaux ont donc la capacité de suivre la pente du champ magnétique.

Depuis les années 1970, les scientifiques savent aussi que les pigeons sont sensibles aux repères visuels. Pourquoi se fatiguer à suivre le Soleil ou le champ magnétique quand il est possible de suivre un large fleuve ? Cela a été magistralement confirmé en 2004 lorsque des volatiles ont, pour la première fois, été équipés de GPS. Ces oiseaux suivent bien la trajectoire des fleuves, mais aussi des routes et des voies de chemin de fer !

Dernier signal : les odeurs. Toujours dans les années 1970, une équipe italienne s'est intéressée à cette piste en coupant le nerf olfactif des pigeons, en leur bouchant le nez à la cire, ou encore en anesthésiant ce sens. Résultat : les oiseaux ne retrouvaient pas leur pigeonnier !

Cela fait beaucoup de signaux et cette aventure scientifique a pourtant été fort abrégée... En fait, les chercheurs, selon les espèces testées et le type d'expériences menées, ne sont pas arrivés aux mêmes conclusions. Peut-être existe-t-il une hiérarchie entre ces signaux, certains servant éventuellement à calibrer les autres. Peut-être les oiseaux sont-ils finalement capables de choisir le meilleur repère, en fonction du lieu et du moment.

Et si les chercheurs arrivent à se mettre d'accord sur la nature des signaux utilisables par les pigeons et autres migrateurs, il leur restera à déterminer comment les oiseaux parviennent à les détecter... Là encore, rien n'est évident. S'agissant du Soleil, des étoiles ou des montagnes, l'affaire paraît claire : les oiseaux ont le compas dans l'œil. S'agissant des odeurs, ils ont du nez. Cependant, le doute subsiste quant à la nature des molécules qui constituent des signatures géographiques et olfactives.

Reste le délicat problème du champ magnétique. Il y a une vingtaine d'années, personne n'était en mesure d'expliquer comment les oiseaux pouvaient le percevoir. Aujourd'hui, deux hypothèses sont en concurrence.

La plus simple invoque de petits cristaux magnétiques constitués d'oxydes de fer découverts dans le bec de certains oiseaux, dont les pigeons. Ces particules se comportent comme la limaille de fer autour d'un aimant : elles peuvent se déplacer en suivant la direction du champ magnétique extérieur. Et par un mécanisme encore mal compris, elles auraient une action sur certaines cellules, puis sur le cerveau. Une chose est sûre cependant : lorsqu'un fort champ magnétique est appliqué, il démagnétise ces cristaux. Conséquence : les passereaux et autres pigeons sont désorientés.

La deuxième hypothèse repose sur l'idée qu'un champ magnétique peut engendrer des réactions chimiques au sein d'un organisme, mais pas n'importe lesquelles. Le champ magnétique terrestre est en effet très faible, 50 microtesla environ, soit vingt mille fois moins que le champ régnant dans un appareil d'IRM. Converti en énergie, c'est bien moins que l'énergie liée à la température, celle-là même qui provoque l'agitation des molécules. Impossible que ce champ permette la transformation d'une molécule en une autre… Les bêtes à plumes ne sont pas des alchimistes.

En revanche, ce champ pourrait avoir une incidence sur l'équilibre fragile liant deux molécules chimiques, elles-mêmes assez instables. Selon la nature du champ magnétique, une de ces molécules pourrait être produite en excès, débouchant alors sur un signal chimique différent (dont la transmission au cerveau reste mystérieuse, mais c'est une autre histoire). En 2008, des chimistes ont attesté la possibilité de ce phénomène. Malheureusement, leur démonstration faisait appel à des molécules artificielles n'existant pas dans la nature. Grâce à cette expérience, les biologistes ont cependant été mis sur la voie d'une molécule naturelle. L'expérience a mis au jour une sensibilité des molécules à la lumière, particulièrement à la lumière bleutée. Or les volatiles possèdent justement un tel récepteur lumineux au niveau des yeux, le cryptochrome. Cette molécule a été découverte chez les plantes en 1993 et conditionne le bon développement des végétaux. Chez les mouches, elle régule l'horloge interne. Chez les oiseaux, elle permettrait donc la bonne orientation. La preuve définitive fait encore défaut. Certes, les chercheurs ont constaté que le sens de l'orientation des oiseaux était effectivement affecté par l'absence de lumière bleue ; en outre, un champ magnétique oscillant perturbe également les oiseaux, comme le prévoit la théorie. *In vitro*, le comportement du cryptochrome est conforme aux prévisions du modèle. Cependant, il faudrait mener des expériences sur des pigeons génétiquement modifiés et dépourvus de ce cryptochrome pour déterminer avec certitude le rôle de cette molécule. Pour le moment, seules des expériences menées sur des mouches et des poussins ont été concluantes. Problème : ces deux espèces ne sont guère connues pour être sensibles au champ magnétique ou avoir quelque talent de navigation…

Enfin, le détecteur est sensible à l'inclinaison du champ et pas seulement à son orientation. Il faudrait donc que naturellement les cryptochromes, ou d'autres molécules, soient orientés dans l'œil, donc quasi immobiles, ce qui semble assez difficile à imaginer dans l'environnement biologique d'une cellule…

En tout cas, ces cervelles de moineaux sont bien moins vides qu'on ne le pense…

PIONEER

Pourquoi certaines sondes spatiales ralentissent-elles ?

Salva Turyshev, du fameux Jet Propulsion Laboratory (JPL) de l'université Caltech, est un ingénieur tenace. Depuis plus de dix ans, il réfléchit, calcule, émet des hypothèses, les infirme, examine des données, s'échine sur quelques détails numériques... Tout cela afin de comprendre pourquoi deux sondes spatiales parties explorer Saturne et Jupiter, Pioneer 10 et Pioneer 11, semblent freinées dans leur élan par une mystérieuse force pointant vers le Soleil. Ce ralentissement est infime, à peine quelques 8.10^{-10} m/seconde^2. De quoi toutefois stopper un engin lancé à 100 kilomètres par heure au bout d'une dizaine de siècles[1]... On ne peut donc faire comme si cette force n'existait pas.

Les ingénieurs ont détecté cette anomalie en 1980, soit huit ans après le départ de Pioneer 10 et sept ans après celui de Pioneer 11. Depuis, les rapports et les hypothèses se sont succédé. Deux grands types de propositions ont été mis sur la table. Soit la force est conventionnelle, c'est-à-dire s'explique par les sondes elles-mêmes ou leur environnement. Soit ces sondes sont les premières à faire les frais d'un phénomène physique inexpliqué par les théories d'Einstein et de Newton. Dans les deux cas, ce mystère scientifique est excitant. Si les sondes sont

1. Cette extrapolation néglige le fait que les sondes n'effectuent pas un déplacement en ligne droite et continuent d'être propulsées.

défectueuses, les ingénieurs pourront en tirer des leçons et améliorer les prochains engins spatiaux. Si ce problème remet en cause les lois physiques sur lesquelles repose actuellement la pensée scientifique, c'est certainement le prix Nobel !

Du coup, les idées fusent.

Il faut évidemment tenir compte de la pression de radiation du Soleil et du vent solaire, des effets gravitationnels de la Lune, de toutes les planètes et même de la ceinture de Kuiper[1]. Les ingénieurs ont également étudié l'effet des champs électromagnétiques sur la trajectoire des sondes, ainsi que l'effet de la déformation des antennes émettant le signal. Des fuites de carburant (en fait de l'hélium produit par les réactions nucléaires du moteur) ont été envisagées, ainsi qu'un chauffage parasite des antennes par le propulseur, créant une déformation du signal reçu. Les calculs et simulations ont également été vérifiés, en vain.

Quant à la thèse d'un phénomène « physique » encore inconnu, elle ouvre la voie aux explications les plus imaginatives. Sur le site Internet arxiv.org, qui recense des propositions d'articles scientifiques avant publication, des dizaines d'hypothèses ont été avancées. Serait-ce un coup de la matière sombre (voir « Matière sombre », p. 133), cet autre mystère du cosmos ? Ou faudrait-il changer les lois de Newton, qui ne s'appliqueraient plus à de telles distances ? L'espace-temps serait-il plus courbé qu'on ne le pense ? Une cinquième force ne serait-elle pas à l'œuvre ? La vitesse de la lumière ne varierait-elle pas, expliquant le mirage du freinage ? Ce ralentissement ne serait-t-il pas la preuve de l'existence d'un univers parallèle ou de particules exotiques ? Quel foisonnement ! Et ces idées ne sont pas si farfelues ; elles sont souvent avancées pour expliquer d'autres mystères du cosmos.

1. Ceinture d'astéroïdes au-delà de Neptune.

Pour ne rien arranger, deux autres sondes, Galileo (envoyée en 1989 vers Jupiter) et Ulysse (partie en 1990 pour étudier l'héliosphère), présentent elles aussi ces anomalies ! Devant cette impasse, le tenace Salva Turyshev a repris son ouvrage. D'abord, il s'est livré à un patient travail de recueil de l'ensemble des informations enregistrées (ses premiers rapports ne portaient que sur onze ans pour Pioneer 10 et moins de quatre ans sur Pioneer 11). Il a écumé les archives de la Nasa pour récupérer des données abîmées, en transférer d'autres qui se trouvaient sous un format obsolète. Il a même débusqué plus d'une année d'enregistrements qui dormaient dans un carton chez un ancien employé ! Désormais, les ingénieurs disposent de toute l'histoire des sondes, soit plus de 100 000 données par sonde.

Salva Turyshev a ensuite convaincu ses collègues d'opérer une nouvelle analyse de ces informations. Pas moins de sept groupes indépendants s'y sont mis et ont confirmé l'anomalie. On n'est jamais trop prudent ! Le chercheur a entamé un nouveau travail de fourmi : modéliser chaque pièce des sondes en trois dimensions et surtout simuler leur comportement thermique. En effet, une petite dissymétrie dans le rayonnement thermique de ces engins métalliques pourrait suffire à expliquer l'anomalie. Une fois ce travail de modélisation accompli, il restera à le confronter aux données réelles. La fin du mystère dans quelques mois ?

S'il s'ennuie, Salva Turyshev (qui n'a pas fait que s'occuper de Pioneer !) pourra ensuite se pencher sur une autre étrangeté détectée tout récemment sur les sondes Near, Rosetta et Cassini. Ces dernières se trouvent à une distance moins grande de la Terre et rien ne dit que leur décélération ait les mêmes causes que celle des Pioneer !

PLANÈTES

En existe-t-il d'autres autour du Soleil ?

La Terre appartient au système solaire et ce dernier recèle bon nombre de mystères non résolus. La saga de l'eau sur Mars (voir p. 129), les anneaux de Saturne, le champ magnétique d'Europe (satellite de Jupiter), l'origine même des planètes… Il faudrait un livre entier pour les exposer. Parmi eux, une question apparemment simple se révèle éminemment complexe : combien de planètes gravitent autour de notre Soleil ?

A priori, tout le monde connaît la réponse. Tout près du Soleil, on observe Mercure, puis Vénus, la Terre et Mars. Ensuite, une ceinture d'astéroïdes nous sépare de planètes géantes : Jupiter, Saturne, Uranus et Neptune. Enfin, entre 30 et 50 unités astronomiques[1], se trouve Pluton, la neuvième et dernière planète, découverte en 1930. Le compte est bon.

Hélas ! ce n'est pas si simple. Peu avant la découverte de Pluton, des astronomes avaient postulé l'existence d'une planète mystérieuse, pouvant expliquer les anomalies orbitales observées sur Uranus et Neptune. Pluton étant trop légère pour causer autant de perturbations, l'existence d'une dixième planète, baptisée planète X (qui évoque donc à la fois l'inconnu et son numéro), semblait

1. Unités astronomiques (ua) : distance entre la Terre et le Soleil, soit environ 150 millions de kilomètres. Une année-lumière (qui est la distance parcourue par la lumière en une année) vaut approximativement 63 241 ua.

nécessaire. En outre, en 2006, les astronomes ont très officiellement décidé que Pluton n'était plus une planète ! À l'issue d'âpres discussions, l'Union astronomique internationale[1] a en effet dégradé Pluton, lui accordant le titre de planète naine. Deux ans plus tard, elle est même allée plus loin, la qualifiant de « plutoïde ». Presque une insulte !

Pourquoi ?

En fait, les années 1990 ont eu leur lot de nouvelles planètes, qui sont venues concurrencer la seule planète découverte par un Américain, Clyde W. Tombaugh. Le premier de ces objets gravitant autour du Soleil (une condition *sine qua non* !) a été découvert en 1992, au-delà de Neptune et pas très loin de l'orbite de Pluton. C'est en fait plutôt un caillou de glace de moins de 200 kilomètres de diamètre qui n'a d'autre nom que (1760) 1992 QB1. Pas de quoi faire trembler Pluton, dix fois plus étendue. Ensuite, la moisson s'est poursuivie : les astronomes ont découvert une toute nouvelle région du système solaire, la ceinture de Kuiper, constituée de milliers de corps tournant autour du Soleil entre 30 et 50 unités astronomiques environ. Aujourd'hui, plus de mille corps ont été identifiés, tous plus petits que l'ancienne neuvième planète. Mais en janvier 2005, les astronomes sont tombés sur Xena, rebaptisée par la suite Éris. Quelques centaines de kilomètres de diamètre en plus ont suffi à faire vaciller Pluton de son piédestal. Éris est plus éloignée de nous que Pluton et effectue une rotation autour du Soleil en plus de 500 ans, quand Pluton tourne deux fois plus vite environ.

Plutôt que de faire de cette petite dernière la neuvième planète à la place de Pluton, les spécialistes ont préféré créer une nouvelle catégorie : les planètes naines ou plutoïdes. Cela s'était déjà produit au XIXe siècle, lorsque le gros astéroïde Cérès, situé dans la ceinture d'astéroïdes,

---

1. www.iau.org

avait d'abord été pris pour une planète, avant d'être rangé dans une autre catégorie, celle des planètes naines. Désormais, un astre peut être qualifié de planète s'il tourne autour du Soleil, est rond (donc assez massif) et suffisamment gros pour avoir « nettoyé » son orbite de tout autre objet. Lorsqu'on constate l'abondance des objets qui gravitent autour de Pluton, on comprend pourquoi cette classification a eu raison de son statut de planète.

C'est ainsi que l'hypothèse de l'existence de la planète X (qui serait donc la neuvième, si vous avez bien suivi !) a été relancée. En effet, les astronomes ont constaté que la ceinture de Kuiper se termine brutalement en « falaise », à quelque 50 unités astronomiques du Soleil. Une zone *a priori* déserte et qui le reste jusqu'à une centaine d'unités astronomiques. Un « nettoyeur » très massif serait-il donc passé par là ? Cette hypothèse, soutenue depuis longtemps par quelques-uns, a été remise au goût du jour en 2008, à la suite de simulations effectuées par deux Japonais, Patryk Lykawka et Tadashi Mukai, de l'université de Kōbe. Les deux chercheurs ont même dressé le portrait-robot de cette planète, à laquelle il faudrait entre 1 000 à 2 300 ans pour effectuer une rotation autour du Soleil, qu'elle frôlerait à 80 unités astronomiques (une trentaine pour Pluton). Elle pèserait 30 à 70 % de la masse de la Terre (ou 200 à 400 fois la masse de Pluton) pour un diamètre de 10 000 à 16 000 kilomètres (plus de quatre fois Pluton). Rien d'une naine ! Cette hypothétique planète aurait été expulsée de l'orbite de Jupiter et se serait stabilisée sur son orbite actuelle en balayant les objets de la ceinture de Kuiper, expliquant ainsi sa structure actuelle.

Selon les chercheurs, les instruments actuels ne rendent pas sa détection impossible. Toutefois, ils reconnaissent les points faibles de leur travail. Ils comptabilisent plus de plutoïdes dans la ceinture de Kuiper que ce qui est effectivement observé ; en outre, ils ne parviennent pas à fournir d'explications quant à la présence de gros objets au-delà de la ceinture de Kuiper. Leur travail nécessite encore des affinements... À moins que la nouvelle venue ne soit vite repérée par des télescopes !

En attendant, les peurs millénaristes de fin du monde ont de beaux jours devant elles ! Une planète mystérieuse, Nibiru ou Némésis, est souvent rendue responsable des différentes apocalypses ! Y compris de celle annoncée pour 2012.

POINT G

Existe-t-il vraiment ?

Les hommes arrogants ou les femmes présomptueuses diront que le corps féminin n'a plus de secrets pour eux. Sauf peut-être s'ils sont chercheurs.

Depuis bientôt trente ans, l'existence d'une seconde zone érogène chez la femme[1] est en effet source de questionnements. Le clitoris ne serait pas le seul à déclencher l'orgasme. Une autre partie du corps féminin, située sur la paroi antérieure du vagin, serait tout aussi excitante. La description étant par trop anatomique et guère sexy, les spécialistes l'ont baptisée « point G », en hommage au gynécologue allemand Ernst Gräfenberg qui s'était intéressé au sujet dans les années 1950. C'est un livre américain paru en 1982 qui a révélé au grand public la potentielle existence de cet endroit intime et déclenché une excitation (scientifique) jamais éteinte.

Depuis longtemps, nous savons que le clitoris est parcouru par différents nerfs qui mènent à la moelle épinière et à la zone du cerveau qui commande la libération de plusieurs hormones et préside à l'orgasme et à ses manifestations variées : accélération de la respiration, du rythme cardiaque, spasmes, cris, sensations de bien-être… Pourtant, certaines femmes déclarent atteindre plus facilement l'orgasme de manière « vaginale » que « clitoridienne ». La simple stimulation du vagin suffirait-elle à les

1. Le décompte scientifique ne vaut qu'au niveau des parties génitales.

faire monter au septième ciel ? Dans des textes des XIe, XIIIe et XVIe siècles (rien dans le *Kama Sutra*), les historiens ont trouvé des références anciennes à ce plaisir particulier, mais la science moderne n'a pas encore apporté la preuve de son existence.

Il ne faut pas exclure que le point G puisse avoir une réalité plus psychologique que physiologique (qu'il se trouve dans la tête plutôt qu'entre les jambes). Ces considérations mises à part, force est de constater que des chercheurs avides de connaissance sont partis en exploration. À chacun ses méthodes d'approche. Pas très sensuelles.

Aux Coréens, le bistouri. En 2009, des gynécologues ont ainsi disséqué le vagin de sept femmes pour mesurer précisément la densité de nerfs à divers endroits de l'organe. Sur ce faible échantillon, ils auraient bien trouvé un léger surplus d'innervation en un certain point. À un cinquième du vagin depuis l'extérieur, pour être précis. Mais cet excès est-il suffisant pour l'extase ?

Aux Italiens, les ultrasons. En 2008, ils ont eu recours aux échographies pour comparer l'anatomie de vingt-quatre volontaires, dont certaines déclaraient avoir connu des orgasmes vaginaux. Il semble bien que leur vagin soit plus épais que celui de leurs consœurs clitoridiennes. Mais quel lien entre cet état de fait et leur plaisir ?

Aux Égyptiens, le voltmètre. En 2004, une équipe du Caire a poussé l'investigation dans une tout autre direction. Vingt-quatre patientes (c'est le cas de le dire) ont été équipées de deux électrodes posées à l'intérieur de leur vagin, ainsi que d'un manomètre (rien à voir avec la main ; cela mesure la pression !). L'idée : suivre l'évolution des vagues électriques et de pression dans le vagin, lors d'une pénétration par… préservatif rempli de gaz carbonique. Le mouvement de va-et-vient a bien semblé augmenter la pression et le signal électrique. Malheureusement, les chercheurs égyptiens peinent à expliquer comment ces variations pourraient exciter les jeunes femmes, qui ne se sont pas montrées très réceptives lors de l'expérience.

Aux Français, les ultrasons également, mais dans une autre optique que les Italiens. En 2009, deux spécialistes du centre hospitalier de Saint-Germain-en-Laye ont suivi la dynamique du mouvement du clitoris. Leur but : démontrer un éventuel lien entre ce dernier et la paroi vaginale. Cinq volontaires se sont livrées à l'exercice de la stimulation clitoridienne ou vaginale (par le doigt). Surprise : le mouvement du clitoris semble bien relié à celui de la paroi du vagin. Il n'y aurait donc plus besoin de chercher un point G innervé, puisque en fait le mouvement de pénétration secouerait suffisamment la base du clitoris, déclenchant alors à la chaîne des réactions orgasmiques. Les vaginales seraient en fait clitoridiennes… Du moins cinq d'entre elles.

Aux Anglais, la distance de bon aloi et le recours aux sondages. Une équipe du King's College de Londres a envoyé un questionnaire à des sœurs jumelles pour leur demander si elles avaient l'impression d'avoir un point G ou non. Droit au but. Il fallait y penser ! Plus de la moitié ont répondu que oui. Cependant, en croisant leurs données, les chercheurs n'y ont vu aucune corrélation avec la génétique. Dans un article, ils en ont donc déduit que la notion même de point G était erronée, ce qui a eu le don d'énerver les deux Français déjà cités, lesquels ont répliqué dans le même journal, en critiquant la méthode et les conclusions hâtives des Anglais.

Enfin, aux Américains, la palme de l'innovation. Pour eux, il n'y a pas de problèmes, mais seulement des solutions. L'un d'entre eux, l'anesthésiste Stuart Meloy, a inventé la machine à orgasme, l'orgasmatron ! Plus besoin de chercher le point G, un simple bouton procure l'extase. Certes, cela fait plus de huit ans que l'inventeur espère vendre sa machine et attend toujours l'autorisation de mise sur le marché des autorités sanitaires, mais il reste confiant ! Une intervention chirurgicale est nécessaire pour implanter un stimulateur électrique sous la peau, au niveau de la moelle épinière. Ce dernier envoie des impulsions aux nerfs sensoriels sur simple pression d'un bouton de télécommande. Le système court-circuite en quelque sorte toute excitation, quelle soit clitoridienne ou vaginale, pour réveiller le cerveau et permettre l'orgasme. Comme souvent en science, la découverte a été faite par hasard, lors d'un traitement antidouleur par stimulation électrique. La patiente n'a pas eu mal et en a même redemandé !

Cette mécanisation du plaisir n'est pas du goût de tout le monde. Les sexologues considèrent d'ailleurs que seul le désir importe. L'essentiel de l'extase sexuelle trouverait sa source dans la tête des partenaires.

POPULATION

Quand le nombre d'humains cessera-t-il de progresser ?

Nous étions un milliard en 1800, deux milliards en 1927, trois en 1960, quatre en 1972, cinq en 1987, six en 1999 et 6,8 milliards lors du dernier pointage de l'ONU, en 2008. Cette progression va-t-elle continuer longtemps ?

La prévision est un art difficile et la démographie n'échappe pas à la règle. Régulièrement, l'ONU publie ses estimations. En 1960, elle prévoyait onze milliards d'individus sur la planète en 2050, mais en 2008, dans la dernière mouture de son rapport, elle a revu ses prévisions à la baisse et annonce plutôt 9,2 milliards.

Que s'est-il donc passé ? Sans que nous en prenions véritablement conscience, la « bombe démographique » s'est désamorcée... Depuis 1965, le taux de croissance démographique mondial diminue. Après avoir atteint un sommet de 2 % par an en 1965, il s'établit aujourd'hui à un peu plus de 1 % environ. Autrement dit, au lieu de doubler tous les 35 ans, la population ne doublerait que tous les 70 ans environ... Cela fait tout de même près de 75 millions de personnes supplémentaires par an. Cette baisse de la croissance démographique est en grande partie imputable à la baisse importante du taux de natalité en Asie, où le nombre de naissances pour 1 000 habitants a été divisé par deux en 40 ans.

Voilà pour le constat. L'avenir est quant à lui une équation à plusieurs inconnues. Combien serons-nous en 2050, en 2100, voire en 2300, comme l'ONU a tenté de l'estimer ?

C'est une lapalissade, mais les effectifs de la population mondiale croissent si les naissances excèdent les décès (solde naturel positif). Autrement dit, le taux de fécondité (combien d'enfants par femme) et l'espérance de vie sont primordiaux. Pour établir des prévisions sur l'évolution de ces deux variables, on peut prendre en considération le paramètre du nombre de femmes (donc le ratio homme/femme dans une société) ou bien les effets de maladies ou d'épidémies. Ainsi, on peut facilement comptabiliser le nombre d'êtres humains.

Grand chantier que celui de prévoir ce que seront la fertilité et la longévité des futures générations ! Batailles d'experts en perspective ! En général, ces derniers élaborent des scénarios : la fertilité va baisser de tant ; la longévité augmenter de tant ; ces évolutions moyennes admettent des exceptions géographiques... Pour 2050 par exemple, les estimations de l'ONU varient entre huit et onze milliards environ, selon trois scénarios ! Le premier conduit à un tassement, résultat d'une convergence de tous les pays vers une faible fertilité ; le deuxième penche pour une conservation des paramètres actuels de fertilité et de mortalité. La projection à neuf milliards correspond au scénario médian. Ces écarts s'expliquent par l'extrême sensibilité des paramètres. Il suffit de jouer un peu avec le simulateur de population de l'Ined[1] sur son site Internet pour s'en rendre compte. Baisser le taux actuel de fécondité de 2,52 (taux réel) à 2,5 fait varier la population de 300 millions en 2050. Augmenter la longévité actuelle de 67,6 ans à 70 ans fait croître la population de 600 millions en 2050. Et ses écarts se creusent davantage encore pour les prévisions de 2100.

1. www.ined.fr/fr/tout_savoir_population/jouer_population/simulateur_population

Pour élaborer ces scénarios démographiques, il faut parier sur l'évolution de la fécondité, de la longévité, l'effet des migrations et le rôle éventuel de maladies[1].

La fécondité va-t-elle continuer de baisser partout, va-t-elle se stabiliser à un niveau supérieur à 2, voire augmenter dans certains pays, ou bien s'effondrer ? Tout dépend, dans les pays à forte natalité, des politiques de contraception, de stérilisation, de contrôle des naissances… Et dans les pays à faible natalité, de l'impact des politiques natalistes et de la situation économique.

Pour la longévité des pays riches, il s'agit de savoir s'il existe un âge seuil. Certains technophiles rêvent d'une immortalité rendue possible par les progrès convergents de la biologie, de la physique ou de l'informatique… L'ONU n'ose pas prendre en compte ce vieux fantasme faustien. Son problème numéro un : la très forte mortalité dans certains pays. En Afrique, la durée de vie est de 53 ans, contre 75 ans en moyenne en Europe. L'immortalité est un souci de riches ; les pauvres font face aux inégalités de soins et au mauvais état de leur système de santé.

L'exemple du sida montre à quel point l'avenir est incertain. Cette maladie a fait baisser l'espérance de vie dans les pays d'Afrique subsaharienne. Toutefois, dans son rapport de 2008, l'ONU[2] estime que, grâce à l'accès aux thérapies, la population africaine devrait finalement compter 30 millions de personnes en plus que ce qui avait été établi dans le rapport de 2006. En ces temps de grippe porcine ou aviaire, le spectre de nouvelles pandémies, encore insoupçonnables aujourd'hui, pourrait très bien bouleverser toutes ces prédictions.

---

1. Voir l'atlas animé de l'Ined : www.ined.fr/fr/tout_savoir_population/atlas_population
2. Département population de l'ONU : www.un.org/esa/population/unpop.htm

L'autre grande inconnue concerne les migrations. Si elles n'affectent pas le total planétaire (sauf à imaginer une arrivée d'extraterrestres !), elles peuvent avoir un impact indirect, notamment sur le nombre d'enfants par femme. L'augmentation de la densité de population peut, par exemple, avoir des conséquences psychologiques encore mal comprises, qui feraient baisser le nombre de naissances. Avec les crises économiques et climatiques, la question des migrations pourrait prendre de plus en plus d'importance...

Pour faire face à ces incertitudes, des démographes tels que l'Autrichien Wolfgang Lutz, de l'Institut international pour l'analyse de systèmes appliqués, n'hésitent pas à proposer des approches probabilistes qui viennent compléter ces scénarios mêlant plusieurs hypothèses. Pour ce démographe, il y aurait une probabilité de 15 % que la population de 2100 soit plus faible que la population actuelle.

Ces théories sont passionnantes et, derrière elles, se cachent des inquiétudes sur le nombre d'humains que la Terre peut « supporter ». Les pessimistes invoquent un plafond, un seuil au-delà duquel la vie deviendrait intenable. Les optimistes ont foi en la technologie et croient au bon sens humain, qui devraient tous deux permettre de toujours repousser les limites démographiques. Ces alternatives agacent le démographe Hervé Le Bras (Ined) au plus haut point ; dans *Sciences et Avenir* de novembre 2009, il rappelle qu'un de ses collègues a recensé soixante-six estimations du nombre de personnes pouvant vivre sur Terre ! Cela va de un à mille milliards...

En fait, comme le rappelle Gilles Pison dans l'*Atlas de la population mondiale*, c'est le mode de vie des habitants de la planète, plus que leur nombre, qui compte. Si tout le monde vivait comme les Américains, il faudrait trois Terre pour vivre, rappellent souvent les associations écologistes... Dans son dernier livre, *Vie et mort de la population mondiale*, Hervé Le Bras va plus loin. Selon lui, les grandes questions sur l'avenir de la planète (environnement, famine, inégalités sociales…) ne sont pas corrélées avec le nombre d'humains, contrairement à ce qu'on entend parfois. Durant les cinquante dernières années, la production agricole a progressé deux fois plus vite que la population ; pourtant, il y a toujours autant de famines et un milliard d'hommes souffrent de sous-alimentation. De même, l'évolution de la surface des espaces naturels n'est pas liée à la densité de population de ces territoires. C'est plutôt le résultat de rapports de force économiques : la déforestation du Brésil sert à planter du soja, massivement exporté pour nourrir le bétail européen ou américain. Bref, selon lui, se focaliser sur le concept de population en s'inquiétant de sa croissance ou de sa diminution masque les véritables enjeux planétaires : inégalités, avenir de la biodiversité, accès aux soins… La population serait une illusion ! Et c'est un démographe qui le dit.

PRION

Qu'est-ce qui a rendu les vaches folles ?

Compter les moutons aide à trouver le sommeil. En revanche, dans les années 1990-2000, compter les vaches a donné bien des sueurs froides aux vétérinaires, aux éleveurs, aux chercheurs, aux gouvernements, au grand public... À cette époque, éclate en effet la crise dite « de la vache folle ». Apparue d'abord dans les troupeaux anglais vers 1985, l'encéphalopathie spongiforme bovine (ESB), le nom savant de la maladie de la vache folle[1], sort brutalement de l'anonymat des pâturages. En 1996, le gouvernement britannique annonce le décès d'une dizaine d'individus, susceptibles d'avoir été atteints par une maladie liée à la consommation de viande bovine. Aussitôt, un embargo sur le bœuf britannique est décrété en Europe. Des tests sont réalisés, les abats jugés dangereux sont interdits à la consommation... À la fin de l'an 2000, en France, une vache malade est repérée juste avant son passage à l'abattoir. Cette découverte entraîne un effondrement des ventes de bœufs...

L'embargo sur les viandes britanniques ne sera finalement levé qu'en 2006, après le passage probable dans la chaîne alimentaire de deux millions de têtes suspectes

1. Comme son nom l'indique, la maladie attaque le cerveau et le transforme en « éponge », en détruisant ses neurones. Les bêtes ont alors des troubles nerveux qui se manifestent par des problèmes de locomotion, d'où le nom de « tremblante du mouton », premier animal touché et diagnostiqué au XVIIIe siècle...

au total. On a diagnostiqué 200 000 bovins malades. Depuis la fin de l'année 2008, aucun cas d'ESB n'a été détecté en France. Plus de cent cinquante personnes en Angleterre et une vingtaine en France sont décédées de la forme humaine de l'encéphalopathie, la nouvelle variante de la maladie de Creutzfeldt-Jakob[1].

Fin de l'histoire ? Pas du tout. S'il est désormais clair que les farines d'origine animale constituant l'alimentation des bovins ont été à l'origine de l'épizootie[2], la maladie, tant sous sa forme animale qu'humaine, reste largement incomprise. En fait, c'est une pathologie transmissible dont on ne connaît pas l'agent infectieux ! Faute de mieux, celui-ci a quand même été baptisé « prion », un acronyme pour *Proteinaceus Infection Particle* (ce qui signifie « particule infectieuse protéinique »). Pourtant, il n'est pas certain que cet agent soit uniquement une protéine ; on ne sait pas vraiment à quoi il ressemble, ni par quel mécanisme il détruit les neurones, sa cible de prédilection. Il est impossible de le détecter dans le sang de manière précoce. Quant à trouver un moyen de le neutraliser, on en est encore loin…

Le découvreur du prion, l'Américain Stanley Prusiner, a été témoin de toutes ces difficultés. Longtemps, il est même passé pour un hérétique dans la communauté, avant de recevoir le prix Nobel de médecine en 1997. Dans les

---

1. Cette maladie a été diagnostiquée dans les années 1920 par les deux médecins qui lui ont donné son nom. Les cas dont il est question ici sont appelés « nouveaux variants » pour souligner leur différence avec les cas dits « sporadiques » ou « génétiques ». Une autre encéphalopathie humaine a été décrite dans les années 1950 par Carleton Gajdusek (prix Nobel de médecine en 1976) : le kuru. Elle touche des habitants de Papouasie-Nouvelle-Guinée qui avaient pour habitude de manger les cervelles de leurs ennemis.

2. C'est plus précisément un changement dans les méthodes de fabrication des farines intervenu en 1980, notamment une baisse de température de chauffage, qui est responsable de cette transmission.

années 1970, en travaillant avec des patients atteints de la maladie de Creutzfeldt-Jakob, il découvre un phénomène étonnant : il parvient à infecter des cobayes en leur faisant manger des extraits d'animaux contaminés. Même traités par des produits détruisant l'ADN, les tissus restent infectieux. Seules des enzymes parviennent à supprimer la transmission de la maladie[1]. Le biologiste constate qu'il n'a donc pas affaire à un microbe ou à un virus, mais plutôt à une protéine, d'où son nom de baptême de « prion ».

Ensuite, les chercheurs comprennent les grandes lignes du mécanisme d'action du prion. Les protéines normales, résultat du repliement dans l'espace de longues chaînes, sont de grosses molécules. Leur forme géométrique compte autant que leur formule chimique dans la détermination de leur fonction. Or, il semble que le prion ait la capacité de modifier la structure spatiale de molécules normales, puis d'agréger ces formes altérées pour causer de graves dysfonctionnements au niveau neuronal. Qui plus est, ces molécules déformées résistent au système de défense de l'organisme et à ses armées d'enzymes, les protéases, censées découper en petits morceaux les intrus afin de les éliminer. D'ailleurs, le prion résiste également aux détergents, à l'alcool et même aux irradiations.

Les chercheurs ne savent toujours pas comment un prion peut attaquer si massivement d'autres protéines et les déformer à ce point. Première explication : il pourrait agir comme une sorte de moule, obligeant ces protéines à adopter une nouvelle configuration, mais le coût énergétique d'une telle action paraît trop grand. Peut-être reçoit-il l'aide d'une autre molécule, un mystérieux facteur X qui n'a toujours pas été détecté. Autre hypothèse : plusieurs prions s'allieraient pour contraindre les protéines saines à

1. Les enzymes sont des catalyseurs, c'est-à-dire des molécules favorisant les réactions biochimiques. Certaines permettent la destruction de protéines, d'autres la réplication de l'ADN…

changer de forme ; le développement du prion se ferait alors par effet boule de neige. Là encore, aucune preuve n'a été formellement apportée. L'incertitude est d'autant plus grande que personne n'a jamais « vu » précisément le prion au microscope ou au rayon X, en tout cas pas au point de pouvoir déterminer la forme exacte de cette protéine déformée et pathologique.

Le prion n'est-il vraiment qu'une protéine, ou bien un agent infectieux hybride associant une protéine et une molécule semblable à de l'ADN ? Cette question accapare l'attention des chercheurs. Des expériences sont en effet troublantes : des laboratoires ont fabriqué des protéines déformées, tel le prion, sans qu'elles soient infectieuses pour autant ! En contaminant des souris avec des tissus de bovins malades, on peut les rendre malades sans pour autant détecter ensuite de protéines altérées dans leur organisme ! Des neurones peuvent même être détruits sans que des symptômes caractérisant la maladie soient repérés… Enfin, la résistance du prion à l'action destructrice de la protéase fait penser qu'il dispose de protections, mais les fins limiers de la biologie n'ont pas encore découvert son complice.

Ils peinent aussi à suivre le prion ailleurs que dans le cerveau ou certains tissus. Le sang pourrait bien lui servir de voie de transport, mais les scientifiques n'ont jamais pu saisir de prions en flagrant délit sanguin. Dans ce liquide circulent bien plus de protéines normales que de protéines anormales ; le signal est très délicat à extraire. C'est bien dommage, car cela permettrait un diagnostic précoce et permettrait aux médecins de limiter les effets de la maladie.

Face à l'adversité, certains auraient renoncé à élaborer un test[1]… Une équipe a certes réussi à neutraliser l'action

1. Le contexte sanitaire s'est, il est vrai, détendu. L'épidémie humaine annoncée par certains au début des années 2000 n'est pas advenue…

du prion sur des cellules *in vitro*, mais son expérience *in vivo* pratiquée sur des souris n'a guère été concluante. Pourtant, cet agent infectieux mérite toujours l'attention des laboratoires. Certes, la maladie de Creutzfeldt-Jakob (un cas par million de personnes) n'est pas prioritaire, mais son mécanisme d'action pourrait être semblable à celui de maladies plus répandues, telles les maladies d'Alzheimer et Parkinson. Ces dernières touchent également le cerveau et se caractérisent par une accumulation critique de protéines. Pour l'heure, une seule expérience (pratiquée sur des souris transgéniques) a démontré qu'un Alzheimer pouvait être causé par la consommation de tissus contaminés. Si cela se confirmait, une révolution médicale s'opérerait en matière de compréhension, voire de traitement de ces maladies.

Pour les chercheurs qui s'obstinent encore à travailler sur le sujet, une autre piste reste à explorer. Que penser de ces cas d'ESB dits « atypiques » qui touchent des animaux plutôt âgés et sont apparus pour la première fois en 2004, bien après la mise en place de précautions drastiques ? L'équipe d'Emmanuel Comoy (CEA) a démontré que la maladie se transmettait très bien à des primates. Selon elle, cette souche présenterait de grandes similitudes avec certaines formes de Creutzfeldt-Jakob sporadiques, ces cas peu fréquents préexistant à la maladie de la vache folle. Aurait-on alors la preuve du caractère transmissible à l'homme d'autres ESB ? Le vent de panique des années 2000 pourrait souffler de nouveau. Le prion n'a pas fini de rendre les chercheurs fous[1].

1. Site d'un vétérinaire qui a suivi toute l'affaire, vache par vache : http://vetolavie.perso.infonie.fr/bse.htm

PYRAMIDES

Comment ont-elles été construites ?

« Du haut de ces pyramides, quarante-cinq siècles de mystères nous contemplent », pourraient s'exclamer les archéologues contemporains. Malgré tous leurs efforts, ils ne savent toujours pas comment les Égyptiens ont érigé ces constructions de pierre, dont la plus célèbre demeure celle de Khéops : 146 mètres de hauteur, 230 mètres de côté, cinq millions de tonnes de pierre[1].

Un point a au moins été éclairci : les bâtisseurs n'étaient pas des esclaves, contrairement à ce qu'on a longtemps cru. Mais combien étaient-ils ? En combien de temps une pyramide était-elle construite ? Aucune trace écrite pour en témoigner. Et bien sûr, aucun plan. Hérodote a été le premier à évoquer ces constructions, mais il l'a fait deux mille ans après leur érection…

Fort heureusement, les hypothèses ne manquent pas. En revanche, ce sont les preuves qui font cruellement défaut.

Écartons d'emblée l'hypothèse d'une éventuelle intervention magique ou extraterrestre, finalement assez peu intéressante.

---

1. Même s'il existe des discussions infinies sur les remarquables proportions du monument (et la présence du nombre d'or !), il faut bien admettre qu'elles tournent court… En fait, les dimensions réelles d'origine ne sont pas connues. Doit-on tenir compte du revêtement qui recouvrait l'édifice, par exemple, et qui lui rajoute plusieurs dizaines de centimètres ?

Dans la foulée d'Hérodote, des spécialistes ont supposé que des machines en bois, originales et performantes, avaient pu être utilisées pour monter toutes ces lourdes pierres. Problème : à l'époque et dans la région, le bois coûtait cher et un tel chantier aurait dû laisser de nombreuses traces sur l'édifice (plates-formes, trous...), et être rapporté dans des écrits ou des dessins. Il semble en effet impensable que personne n'ait songé à transmettre ce savoir-faire. En outre, les dispositifs envisagés impliquent le recours à des techniques inventées bien plus tard, ou, si l'on préfère, inconnues à l'époque (du moins selon les archéologues), telles que la roue et la poulie. Les techniques de l'époque étaient en fait assez rudimentaires ; les chercheurs doivent prendre en compte ce paramètre !

Le chimiste français Joseph Davidovits[1] a proposé une intéressante échappatoire à cette contrainte. Selon lui, les Égyptiens ne se seraient pas embêtés à transporter de lourdes pierres, car ils les auraient moulées sur place ! Comme du vulgaire béton. Notre scientifique a en effet découvert une recette permettant de fabriquer une sorte de béton imitant parfaitement la pierre locale égyptienne. À une boue de calcaire, il a ajouté du carbonate de soude, de la chaux et quelques autres ingrédients qui forment un liant autour de ce calcaire désagrégé, permettant de reconstituer une pierre solide. Non seulement cette théorie résout l'énigme du transport, mais explique aussi la finesse et la précision de certains joints entre les pierres. En 2006, une équipe américaine de l'université de Drexel a semblé corroborer cette hypothèse. Elle a en effet découvert que les pierres des pyramides n'ont pas exactement la même composition chimique que des pierres voisines recueillies dans le sol. Malheureusement, les échantillons des chercheurs ne provenaient pas de

1. www.davidovits.info/category/francais

Khéops et leurs méthodes d'analyse ont été critiquées. En outre, cette fabrication de pierre nécessite de la chaux, un produit qui exige la combustion de beaucoup de bois, assez coûteux à l'époque. Toujours est-il qu'en 2006, lors d'une exposition consacrée aux pyramides au palais de la Découverte, les visiteurs ont pu construire leurs propres pierres.

Souvent, l'utilisation de rampes (pour faire glisser les blocs le long de ces plans inclinés et les transporter au sommet de la pyramide) a été évoquée. Il ne manque plus qu'à réaliser le bon dessin de la rampe et, accessoirement, à la construire. Immédiatement, s'est imposée l'idée d'une rampe unique, perpendiculaire à l'une des faces de la pyramide et édifiée en même temps qu'elle. Hélas ! ce scénario est impossible : soit la pente finirait par devenir trop abrupte ; soit on l'allongerait pour la garder en pente douce et elle se ferait longue de quelque trois kilomètres !

Des hypothèses plus astucieuses ont alors été avancées. La dernière (?) en date a été révélée au grand public en mars 2007. L'architecte Jean-Pierre Houdin plaide quant à lui pour une rampe[1]… intérieure. Parallèlement à chaque face, un tunnel avancerait au cœur de la pyramide, en colimaçon et en légère pente. À chaque angle du monument, pendant la construction, des plates-formes à ciel ouvert auraient permis la rotation des blocs à 90 degrés, afin de continuer la progression d'une face vers l'autre. Ces plates-formes auraient ensuite été comblées. Par conséquent, la pyramide serait donc plus creuse que ce que l'on croit[2]. Si le petit monde des égyptologues plus ou moins amateurs peut répliquer que cette idée n'a rien de neuf, Jean-Pierre Houdin apporte des preuves d'un genre nouveau : la modélisation informatique. Grâce aux

1. www.construire-la-grande-pyramide.fr

2. On sait de manière certaine qu'elle est au moins percée de couloirs menant à la chambre du roi et à la chambre de la reine.

logiciels de construction assistée par ordinateur, il a pu « tester » ses idées. Il ne s'agit pas seulement de « visualiser » la pyramide en 3D, mais de vérifier que les contraintes physico-mécaniques sont bien respectées. Ainsi, l'architecte a pu estimer les dimensions, les forces en présence sur la structure et même les forces de traction exercées sur les cordes[1]. Accessoirement, un film en trois dimensions a même été réalisé, projeté à la Géode de la Villette et commercialisé en DVD. Plus sérieusement, sa théorie présente un avantage : on peut la confirmer ou la réfuter en menant des études de terrain. Si elles ont existé, les galeries intérieures doivent toujours être là. Des mesures de densité de la pyramide effectuées en 1986 pour une tout autre raison pourraient d'ailleurs fournir une première preuve de leur existence. En effet, ces mesures démontrent le caractère effectivement hétérogène de la construction. Cela dit, les différences de densité observées semblent plus importantes que celles qui résulteraient de la présence de rampes. Les mesures de température de l'air ou de la pierre pourraient fournir d'autres indices. En effet, selon que se trouverait ou non une galerie derrière les faces de la pyramide, ces températures seraient fort différentes.

Pour compléter ce tableau, on se fera l'écho de deux autres hypothèses, également exposées au palais de la Découverte en 2006 sous forme d'ateliers pratiques et d'exposés théoriques.

Pierre Crozat, lui aussi architecte, a imaginé un principe de construction qui n'ait pas recours aux plans

1. En particulier, Houdin a également proposé une méthode expliquant la construction de la chambre du roi. Le toit de celle-ci est en effet recouvert de six blocs de granite bien plus lourds que les blocs de pierre (soixante tonnes contre deux tonnes environ). Selon lui, la galerie actuelle menant à la chambre était en fait une « glissière » servant à faire contrepoids et favorisant la montée des blocs par le côté opposé.

parallèles horizontaux successifs, contrairement à la plupart des autres propositions émises[1]. « Sa » pyramide est d'abord petite, puis grandit au fur et à mesure de l'ajout de blocs sur les faces. Sur ordinateur, ça fonctionne (nonobstant le respect des contraintes mécaniques et la nécessité de disposer de machines pour monter les blocs...). Sans schéma, il demeure difficile de se représenter cette technique, j'en conviens.

Enfin, le physicien Jean-Pierre Petit, grand pourvoyeur d'idées tant en astrophysique qu'en propulsions hors normes, y est également allé de sa proposition[2]. Il songe à une rampe extérieure qui, au lieu de s'appuyer sur les faces de la pyramide – cela a déjà été envisagé –, ferait partie intégrante de la construction. Lors de l'achèvement de cette dernière, les pierres de la rampe auraient été taillées pour en rendre la surface lisse.

Les Égyptiens n'aimant guère les trous percés dans les pyramides de Khéops ou l'emprunt de morceaux de l'édifice, même à des fins scientifiques, les idées les plus farfelues ou ingénieuses peuvent encore jaillir.

---

1. http://pierre.crozat.free.fr/
2. http://www.jp-petit.org

RAYONS COSMIQUES

D'où viennent ces colossaux bombardements extraterrestres ?

Peu avant la Grande Guerre, l'Europe découvre ébahie qu'elle est en permanence bombardée par un flux de particules venues de l'espace. En effet, l'Autrichien Victor Hess a détecté des intrus traversant l'atmosphère dans son ballon à hydrogène. Vingt-cinq ans plus tard, le Français Pierre Auger confirme l'existence de ce phénomène, mais il décrit moins un rayonnement ponctuel qu'une véritable douche de particules qui nous tombe dessus. Hess a reçu le prix Nobel en 1936 et l'on a construit un imposant détecteur de particules au sein de l'observatoire Pierre-Auger. Pourtant, aujourd'hui, la nature et l'origine de ces rayons cosmiques demeurent toujours un mystère ! Sont-ce de simples protons[1], des noyaux plus lourds (par exemple le fer), des noyaux de masse intermédiaire ? Sont-ce des particules exotiques non encore découvertes ? D'où viennent ces rayons ? Du fin fond de l'univers, de galaxies voisines ou encore de la nôtre ? Et dans quel chaudron cosmique sont-ils créés ?

Le mystère est d'autant plus irritant que ces particules battent tous les records d'énergie. Dans l'unité utilisée par

1. Les protons sont des particules élémentaires chargées qui constituent le noyau des atomes. L'atome d'hydrogène ne possède qu'un proton. L'atome d'hélium, deux…

les astrophysiciens, on parle de 10^{20} électronvolts[1] (eV). Soit dix millions de fois plus que ce que peut produire le plus puissant des accélérateurs de particules, le LHC du Cern. En unités courantes, tel le joule, le chiffre est moins déroutant : une dizaine de joules par exemple. C'est évidemment toujours beaucoup : l'équivalent de l'énergie cinétique d'une balle de tennis lancée à 100 kilomètres par heure (donc deux fois moins qu'un service de champion). Si vous ne trouvez pas cela impressionnant, rappelez-vous que ces balles cosmiques sont des milliards de fois plus petites que les balles de tennis réelles…

En moyenne, sur une surface d'un kilomètre carré, un tel rayon cosmique aussi puissant arrive par siècle. En tapant l'atmosphère, ces particules en créent d'autres, engendrant une gerbe d'une dizaine de kilomètres de haut sur une dizaine de kilomètres carrés au sol[2].

Depuis la fin des années 1990, les physiciens ont pris le problème à bras-le-corps. Plusieurs détecteurs ont été mis au point pour résoudre l'énigme. Les deux premiers, Fly's Eye aux États-Unis et Agasa au Japon, ne sont pas tombés d'accord. Le second avait enregistré quelques rayons dégageant une énergie incroyable ; le premier n'a rien observé de tel. On a alors cru que les bases de la physique allaient vaciller. En effet, en suivant une certaine théorie, l'existence d'intrus de très haute énergie[3] semblait

1. L'électronvolt est une unité d'énergie. 10^{20} désigne un nombre très grand : « 1 » suivi de vingt « 0 », soit cent milliards de milliards.

2. C'est ce qui explique l'absence de danger. L'énergie de la particule cosmique incidente se retrouve répartie dans des dizaines de milliards d'autres. La probabilité qu'un humain rencontre un seul de ces débris durant sa vie est faible et la dose reçue, inférieure à la radioactivité naturelle.

3. Cette théorie stipulait que si les rayons venaient du fin fond de l'univers, ils devaient interagir avec le rayonnement fossile de l'univers, perdant ainsi leur énergie. Il existe donc une valeur maximale pour ces rayons extragalactiques.

exclue, sauf à revoir les fondements mêmes des équations d'Einstein. Les récoltes de ces deux détecteurs ayant été trop maigres, les physiciens ont attendu la construction de plus gros engins avant de s'écharper. Les Américains ont installé Hires et ont œuvré à la construction de l'observatoire Pierre-Auger, installé sur 3 000 kilomètres carrés (le quart de l'Île-de-France !) en Argentine. Ce dernier est le plus grand jamais construit dans le but de détecter ces rayons cosmiques à haute énergie.

Une partie du mystère s'est enfin dissipée. Les deux nouveaux détecteurs ont confirmé l'existence d'une énergie limite. Les équations d'Einstein sont sauves. Plus précisément, les rayons ne viennent pas de notre galaxie, mais de galaxies « proches » (moins de 300 millions d'années-lumière). En outre, ces rayons cosmiques ne sont sans doute que des particules ordinaires, et pas exotiques.

En revanche, il est toujours impossible de dire d'où proviennent exactement ces rayons : jeunes étoiles à neutrons[1], collisions de galaxies, trou noir au centre d'une galaxie en train de dévorer une étoile (on parle plus généralement de noyaux actifs de galaxie)… ? Pour être complet, il faudrait ajouter les sursauts gamma, qui sont les explosions les plus violentes détectées dans l'univers – elles sont en outre très fréquentes, à raison d'une par jour – et dont l'origine est tout aussi mystérieuse que les rayons cosmiques !

Pas de chance : tous ces objets sont présents dans la direction céleste observée par Auger depuis la fin de l'année 2007. Impossible donc pour l'instant d'exclure la moindre hypothèse. Point commun de ces prétendants : ils sont tous associés à des événements assez explosifs. Plus précisément, ils réunissent les deux conditions nécessaires

1. Une étoile à neutrons est un objet compact tenu par la force de gravitation. Elle est également connue sous le nom de pulsar en raison du rayonnement pulsé qu'elle émet.

à l'accélération extrême de particules que sont l'existence dans ces régions d'ondes de choc violentes permettant de faire bouger la matière et la présence de champs électromagnétiques très intenses, capables de les faire dévier et d'accélérer leur mouvement. Les modèles décrivent des particules subissant des secousses permanentes dans ces zones. Ainsi, telles des balles de tennis faisant des allers et retours sans cesse plus rapides entre deux raquettes, ces particules finiraient par quitter leur terrain et atteindre la Terre.

Une autre énigme taraude les astrophysiciens de Hires et Auger. Certains paramètres mesurés par Auger permettent de penser que les particules cosmiques sont du fer, tandis que d'autres éléments incitent à plaider en faveur de protons plus légers. En soi, c'est troublant. De surcroît, Hires arrive à des conclusions inverses ! Que se passe-t-il donc sur le chemin pour que les protons se transforment en fer, ou le fer en protons ? Quelque chose cloche dans les modèles. À moins que le faible nombre d'événements enregistrés (en fait une cinquantaine) ne permette d'être catégorique. Alors que Hires a terminé de recueillir ses rayons cosmiques, Auger a encore une dizaine d'années pour trancher la question. Bientôt, ce dernier espère s'agrandir, devenir sept fois plus grand et comprendre enfin qui nous bombarde et avec quoi.

REQUINS

Comment chassent-ils ?

Quel point commun y a-t-il entre un requin se jetant sur sa proie, un bourdon butinant des fleurs et un albatros volant, puis plongeant dans l'eau… ? Ils chasseraient tous de la même façon, ayant adopté une méthode de traque optimale et quelque peu étrange. Selon plusieurs spécialistes, ces prédateurs passent une bonne partie de leur temps à explorer minutieusement une zone, puis font soudain de grands déplacements, sans un regard pour leurs proies éventuelles, avant de fouiller de nouveau une zone propice. Ainsi, la plupart du temps, le requin pèlerin arpente un territoire de moins de cinq mètres, puis d'un coup se propulse sur près de quarante mètres pour avaler le plancton dont il se nourrit. Plus précisément, en trois jours et demi, ce squale accomplit plus de mille trajets de moins de trois mètres et une poignée de plus de trente mètres, selon la dernière étude sur le comportement de cette espèce menée par l'équipe de David Sims, de l'université de Plymouth, parue en 2008.

Cette stratégie intermittente serait la plus efficace. Plus rentable que l'attente immobile du passage d'une victime, que la sempiternelle exploration d'une même zone, ou que la méthode consistant à arpenter méthodiquement tout le territoire. Problème : depuis que ce comportement a été mis au jour par l'équipe de Gandhimohan Viswanathan en 1996, la polémique fait rage pour savoir si les animaux agissent vraiment de la sorte ! Les données sont-elles fiables ? Les analyses statistiques sont-elles correctes ? Et quand bien même la réponse serait positive, les biologistes ne peuvent toujours pas expliquer pourquoi ces animaux auraient adopté une telle méthode.

Tout a donc commencé en 1996, lors de la parution de l'analyse comportementale de cinq albatros sur plus de trois cents vols au total. Les biologistes découvrent alors l'existence de trajectoires bien connues des mathématiciens et des physiciens : les vols (marches, ou encore processus) de Lévy. Lévy n'est pas un albatros, mais un mathématicien français (Paul de son prénom) qui a étudié ces phénomènes aléatoires durant l'entre-deux-guerres. Il était alors question de statistiques ou de finance plus que de repas et de chasse. Les processus étudiés par Lévy appartiennent à la famille des marches aléatoires. La plus connue est le mouvement brownien, qui décrit par exemple les trajectoires de petits grains de pollen en suspension dans l'eau, ou encore la déambulation de réverbère en réverbère d'un fêtard quelque peu aviné. Malgré ses va-et-vient, l'homme titubant finit par avancer…

Les processus de Lévy sont un peu plus complexes. Tout se passe comme si, de temps en temps, notre pauvre homme se trouvait assisté par une bonne âme l'aidant à parcourir une grande distance d'un seul coup. Dans ce type de déplacement, il est possible d'aller plus loin. La probabilité d'un événement majeur, comparable à un grand pas, est meilleure que pour le mouvement brownien.

Après cette découverte sur les méthodes de chasse de l'albatros, les biologistes ont constaté que de nombreuses espèces se comportaient de la même façon : bourdons, rennes, mouches, zooplancton, chacals, phoques gris, singes, requins et même certains pêcheurs bien humains ! Dans leurs filets, les chercheurs ont identifié trente et un prédateurs marins appartenant à sept espèces (requins, pingouins, tortues de mer et poissons à arêtes, tels les thons ou les morues). L'universalité d'un tel comportement est frappante ; son accord avec la théorie impressionne.

Hélas ! dix ans après cette découverte, le scepticisme s'est installé.

En 2007, le Français Simon Benhamou, du Centre d'écologie fonctionnelle et évolutive de Montpellier (Cefe), a démontré qu'il était fort possible de confondre la marche de Lévy avec un autre processus mathématique très simple : une double marche aléatoire. Le poivrot titubant jette de temps en temps une pièce en l'air, laquelle tombe plus souvent sur face que sur pile. Si c'est pile, il boit un coup et, requinqué, trace sa route jusqu'à l'épuisement et reprend ensuite sa démarche hésitante… Le chercheur a démontré que cette stratégie (évidemment définie plus rigoureusement) a des ressemblances numériques avec une marche de Lévy. Si l'on n'y prend garde, l'une peut passer pour l'autre. D'ailleurs, une autre équipe française, de l'université Paris-VI, a invoqué un autre mécanisme intermittent ressemblant également à un processus de Lévy. En outre, il n'a pas été démontré que les processus de Lévy soient la stratégie la plus efficace…

Un coup inattendu a été porté par celui-là même qui avait lancé l'affaire. En 2008, Gandhimohan Viswanathan a expliqué que le vol des albatros était sans rapport avec la théorie de Lévy ! En recourant à de nouvelles méthodes statistiques, il a conclu à la disparition des indices mathématiques schématisant le vol de l'albatros selon la théorie de Lévy. Idem pour les bourdons et les biches… Il faut dire qu'il n'est pas si facile de traquer un prédateur, même avec les moyens technologiques modernes. Dans le cas des albatros, les chercheurs avaient posé des capteurs sur les pattes des oiseaux « tests », leur permettant de savoir si les volatiles se trouvaient dans l'eau ou pas. Mais comment savoir si l'albatros se nourrit dès qu'il plonge ? Du repas au repos, il n'y a pas loin…

Il n'est pas possible non plus de suivre le déplacement de ces bêtes en continu. Or l'analyse mathématique demande la définition précise du concept de pas discontinu, c'est-à-dire d'après un intervalle de temps donné. Une tâche pour le moins ardue quand on a affaire à un albatros, un bourdon ou un requin. Aussi, l'interprétation des données est assez arbitraire. Une chose est sûre : les chercheurs ont fini par renier leurs premières conclusions.

Après dix ans d'investigations, le mystère reste donc entier. Si les animaux chassent effectivement selon des marches de Lévy, il faut se demander pourquoi. En particulier, il ne faut pas confondre l'observation et le processus qui est à l'origine de cette observation. Si notre ivrogne de Lévy embarquait un GPS, un observateur pourrait constater des déplacements longs et soudains. En revanche, il ne verrait pas qu'un passant a aidé notre homme... Or ce n'est pas un simple détail pour un éthologue désireux de comprendre les mœurs nocturnes ! Pour les animaux, c'est la même chose. Des singes araignées équipés de balises ont été suivis à la trace. Sur l'écran, après passage à la moulinette statistique, ces croqueurs de fruits ont bien l'air de chasser selon un processus de Lévy. Mais les chercheurs, forcément malins comme des singes, se sont également penchés sur la répartition des arbres fruitiers : ils ont découvert que la distribution des arbres fruitiers colle également à une distribution de Lévy ! Les singes n'avaient pas élaboré de stratégie, mais connaissaient simplement leur environnement à la perfection !

L'anecdote résume à elle seule les enjeux scientifiques liés à la résolution de cette énigme. Pour les biologistes du comportement, ce n'est pas la même chose de dire que les espèces se sont adaptées et ont adopté une stratégie de recherche aléatoire et efficace, ou qu'elles raisonnent en fonction de la connaissance de leur environnement.

Si les biologistes continuent de s'étriper, les physiciens, en quelque sorte responsables de ce chaos, essaient de « vendre » leurs méthodes ailleurs. Définir une stratégie de recherche optimale est en effet fondamental lors de sauvetages en mer ou en montagne, ou tout simplement pour retrouver ses clés…

RÊVES

À quoi servent-ils ?

La science ne respecte vraiment rien. Même pas l'intimité de femmes et d'hommes placés dans les bras de Morphée, tranquillement en train de rêver… À quoi rêvons-nous et surtout pourquoi ? Voilà le mystère que les scientifiques tentent de percer. Mais la réponse sommeille encore…

Auparavant, l'incursion dans les rêves était réservée aux chamans et autres sorciers, puis aux psychanalystes. Leurs méthodes étaient plutôt douces. Terminé ! Place aux électroencéphalogrammes, aux IRM et même aux banques de rêves[1] ! On ne cherche plus le sens profond des rêves, mais leur utilité. Le monde change.

Les résultats ne manquent pas, reléguant loin les idées de Sigmund Freud sur le rêve comme moyen de sonder l'inconscient et comme siège du refoulé. Certaines études menées en neurosciences interprètent même nos songes selon que ceux-ci activent telle ou telle zone de notre cerveau. Les neurologues ont ainsi observé que les aires du cerveau spécialisées dans les associations d'images fonctionnent lorsque nous sommes éveillés, mais aussi pendant que nous rêvons, contrairement aux aires du cortex visuel primaire. De là à expliquer des associations incon-

1. Il en existe en ligne comme dreambank.net ou reves.ca. L'idée n'est pas nouvelle, puisque l'archivage était un important outil d'étude (l'un des spécialistes français, Michel Jouvet, avait même répertorié les siens !), mais le Web a permis un changement d'échelle.

grues hommes-animaux ou hommes-objets dans les rêves, il n'y a qu'un pas. Dans d'autres cas, les scientifiques ont également établi un lien entre une altération cérébrale et un rêve. Ce n'est plus l'inconscient qui parle, mais nos neurones fatigués...

Ces résultats illustrent l'apport des techniques d'imagerie cérébrale. Le premier fait marquant intervient dans les années 1960 : l'existence d'un troisième état de notre cerveau est démontrée, alors qu'on n'en comptait alors que deux, la phase éveillée et le repos. Ce « nouvel » état, découvert notamment par le Français Michel Jouvet, est baptisé « sommeil paradoxal » ; c'est le moment privilégié des rêves[1]. À l'époque, les spécialistes pensent que cet état permet au cerveau de se « reprogrammer ».

Un peu plus tard, dans les années 1970, Alan Hobson défend l'idée que notre activité cérébrale pendant le sommeil est faite d'impulsions électriques aléatoires, un vrai chaos. La zone frontale, chargée de rendre ce chaos cohérent, ou tout du moins ordonné, créerait les rêves.

Puis les recherches mettent en avant le caractère bénéfique du sommeil et des rêves pour la mémoire. Plusieurs expériences démontrent en effet que, sans sommeil (paradoxal), on oublie ce qu'on a appris la veille ! Dans *Sciences et Avenir*[2], un article relate une expérience durant laquelle des chercheurs ont vu des souris « réviser » dans leur sommeil ce qu'elles avaient appris le jour.

Certains médecins s'opposent à cette théorie, constatant que leurs patients insomniaques ou sous antidépresseurs ne présentent pas forcément de troubles de la mémoire. L'argument n'empêche pas d'autres neurologues de développer des méthodes d'apprentissage

1. Certes, on a depuis découvert que nous rêvions à d'autres moments. Et pour ne rien simplifier, les rêves auraient dans ce cas une autre fonction que dans la phase paradoxale...
2. Juin 2008.

intégrant des phases de sommeil entre les séances d'acquisition proprement dites.

Une autre hypothèse, tout aussi contestée, fait son apparition à la fin des années 1990. Le rêve, aux dires du Finlandais Antti Revonsuo et de l'Américain Patrick McNamara, aurait sauvé l'espèce humaine ! En fait, cette activité aurait une fonction adaptative dans l'évolution. Pendant le sommeil, notre cerveau se comporterait comme un simulateur d'événements dangereux pour nous entraîner à y faire face. Une fois réveillés, nous serions mieux armés face à ces périls.

Cette théorie de la simulation de la menace se base, selon ses partisans, sur la présence majoritaire d'images ou de personnages négatifs dans les rêves. Mais en fouillant dans leurs propres banques de rêves, d'autres équipes n'en trouvent pas autant que cela. Une part significative de rêves échappe donc à cette théorie. À moins que, les menaces ayant changé, cet « ancien » système de protection passive ne se soit adouci.

Cette idée a inspiré d'autres spécialistes. Si le cerveau est capable de générer des situations menaçantes dans un but adaptatif, il pourrait tout aussi bien travailler à nous sortir de situations inextricables et trouver les solutions d'un problème. Débarrassé des idées périphériques présentes durant la phase d'éveil, le rêve serait capable d'explorer sans contrainte une jungle foisonnante de propositions. De là découlerait le fameux « Eurêka ! » hurlé par certains savants à leur réveil (du moins, dans la légende de l'histoire des sciences[1] !). Et ça marche… *Sciences et Avenir* a relaté une expérience amusante, menée sur deux groupes d'individus, les uns ayant dormi huit heures, les autres étant restés éveillés : les premiers

1. L'anecdote la plus connue étant celle du chimiste August Kékulé qui trouva la structure originale de la molécule de benzène, en forme d'anneau, après avoir rêvé à des serpents se mordant la queue.

se sont révélés plus aptes à deviner la solution d'un problème exposé aux participants avant l'expérience.

Enfin, dans des travaux encore non publiés, un physicien anglais du University College de Londres, Marshall Stoneham, a émis l'hypothèse que le cerveau se « débranche » durant la nuit et, ce faisant, ne cherche qu'à se réparer et à tester quelques circuits. Cette période de « révision » de la mécanique cérébrale génèrerait des signaux qui formeraient nos rêves. Un sommeil réparateur en somme.

Évidemment, la liste de ces interprétations n'est pas exhaustive et toutes sont sans doute un peu vraies. Mais les controverses qui les accompagnent révèlent toute la difficulté de mener à bien un travail expérimental. Il est en effet très difficile de savoir à quoi rêvent les gens. Soit on ne réveille pas un cobaye, mais alors l'interprétation des signaux enregistrés se révèle délicate. Soit on le réveille mais, dans ce cas, comment être certain que le patient met les bons mots sur son rêve ? L'environnement expérimental peut influencer le récit, et donc le rêve…

Les chercheurs ont encore quelques belles nuits blanches en perspective…

ROUGIR

Pourquoi rougit-on ?

Quelle honte ! Quel embarras ! Et les chercheurs ne savent toujours pas pourquoi nous rougissons lorsque nous sommes gênés. Bien sûr, la couleur qui nous monte aux joues ou aux oreilles vient d'un afflux sanguin et de la dilatation de minuscules vaisseaux au niveau du visage. Mais qu'est-ce qui déclenche cet effet ? Quelles parties de notre cerveau s'activent ? Et lesquelles permettent à notre interlocuteur de décoder notre émotion ? Quelle peut être l'utilité d'un tel mécanisme, pourtant « coûteux » pour l'homme ? Ce sujet touche presque tout le monde[1] (mais exclusivement les humains) et en rend certains malades, les érythrophobiques ; pourtant, peu d'études s'y intéressent. Tel est en tout cas le constat de Sylvie Berthoz et Gayannée Kedia, dans un article du magazine *Cerveau et Psycho* de mars-avril 2008. D'ailleurs, c'est ce journal qui a incité ces chercheuses à se pencher sur la question. Cette dernière les a passionnées, au point qu'elles ont imaginé des protocoles d'essais[2]. La presse a donc encore de l'influence…

Les scientifiques manquent cruellement de données expérimentales : il est en effet difficile de faire rougir des patients dans une IRM (allongés, seuls et dans l'obscurité),

---

1. La couleur de peau n'empêche nullement le rougissement : il est seulement moins visible.
2. Finalement, les deux chercheuses n'ont pu mener à bien ces expériences…

alors même que le rougissement, sauf pour certains érythrophobes, se produit lorsque l'individu est placé sous le regard d'un tiers. En 1991, les Américains Mark Templeton et Janice Leary ont d'ailleurs démontré que leurs cobayes ne rougissaient pas lorsque leur interlocuteur portait des lunettes de soleil.

Même sans l'aide d'une IRM, ce constat suggère que le réseau neuronal impliqué (donc la zone du cerveau activée) serait lié aux neurones « miroirs ». Ce système est mis en branle lorsque nous tentons d'imiter les faits et gestes d'une personne. C'est une manière d'interagir avec autrui. Problème : dans le cas du rougissement, il n'y a pas vraiment de gestes…

La piste du rapport à autrui conduit néanmoins à émettre d'autres hypothèses. C'est moins l'individu qui nous regarde qui importe, que ce à quoi il pense et surtout ce que nous pensons qu'il pense (la transmission de pensée n'étant pas encore démontrée). Autrement dit, le rougissement, en plaçant l'individu dans un système d'interactions avec son interlocuteur, remplirait une fonction sociale… Et les exemples de l'« utilité » de cette manifestation émotionnelle ne manquent pas.

Virer à l'écarlate est un bon révélateur de ce qui est toléré ou non dans une société donnée. De surcroît, faute avouée est à moitié pardonnée : nous sommes plus enclins à excuser un malotru qui double dans une file d'attente, lorgne notre livre par-dessus notre épaule, ou encore crache, pète, rote… s'il se met à rougir. S'il reste de marbre, nous ne faisons pas preuve de la même mansuétude.

Piquer un fard est aussi un aveu de mensonge, non reconnu par la justice, mais assez efficace en société ou en famille. Les parents le savent bien, qui détectent une faute commise par le petit dernier, ou une surprise que l'aîné avait l'intention de leur faire.

Quelques expériences en neurosciences accréditent la thèse d'une corrélation entre rougissement et lien social.

En 2002, Sylvie Berthoz et Gayannée Kedia ont ainsi démontré que, lorsque des patients s'imaginent en situation embarrassante, ils activent des zones du cerveau mises en jeu dans les relations avec autrui (que pense-t-il ? que ressent-il ?) ou lors d'une auto-évaluation de l'individu. Cela dit, imaginer une situation embarrassante n'est pas la vivre.

Bref, il semble bien que le rougissement soit le résultat de l'adaptation de l'homme à la vie en société, ou que nous ayons développé cette capacité cognitive sous la pression sociale. Le changement de couleur favoriserait les relations sociales, excluant du groupe les asociaux (qui ne rougissent pas et ne savent pas reconnaître ce qui est toléré de ce qui ne l'est pas) et intégrant les sympathiques (qui rougissent).

Par le biais de l'étude de ce fait assez banal, les chercheurs peuvent peut-être trouver un nouveau terrain d'exploration de nos fonctions cognitives. Certains défendent en effet l'idée que les performances de notre cerveau découlent du comportement social de l'homme. Si nous ne vivions pas en communauté, nous ne serions donc pas les mêmes…

Plus prosaïquement, les chercheurs pensent pouvoir éviter le rougissement par les méthodes dites de *Neurofeedback*. Ces dernières consistent à entraîner le cerveau pour qu'il émette les « bons » signaux et fasse disparaître les états mentaux indésirables (tels le stress, l'agressivité et pourquoi pas le rougissement !) en se concentrant sur certaines tâches. Toutefois, cette application souffre de deux défauts : la technique n'a pas encore totalement fait ses preuves et, dans le cas du rougissement, il reste à identifier les zones-clés d'activités à cibler.

Des questions restent en suspens. *Quid* du phénomène d'emballement, qui fait que plus on rougit, plus on est gêné et plus on rougit ? Pourquoi le rougissement se produit-il seulement quinze à vingt secondes après la situation troublante ? Comment notre interlocuteur parvient-il à repérer notre état émotionnel avant même l'apparition de la rougeur ?

L'embarras des scientifiques risque de durer plus longtemps qu'un simple rouge aux joues.

STRADIVARIUS

Quel est le secret de son inimitable sonorité ?

Voilà près de quatre siècles que les musiciens, les mélomanes et les scientifiques sont envoûtés par quelques instruments de musique. Les violons, altos et violoncelles fabriqués aux XVIIe et XVIIIe siècles par les luthiers de Crémone (Italie), dont les fameux Stradivarius (ou les Guarneri del Gesù), possèdent un son reconnaissable entre mille et jamais imité par les luthiers modernes. Pourquoi ?

N'en déplaise à un musicien, pour un physicien, un violon n'est qu'une vulgaire caisse de résonance qui transfère les vibrations mécaniques d'une corde à un caisson en bois, *via* le petit « chevalet » sur lequel reposent les cordes. Cette excitation du volume d'air contenu dans la caisse émet alors un son. Tout l'art du luthier réside donc dans la réalisation de cet amplificateur de sons. Il peut jouer sur la forme de la boîte ou sur les ouvertures en forme de « f ». Il peut aussi modifier la nature et la préparation du bois, voire le type ou l'épaisseur du vernis qu'il applique pour protéger l'instrument. Tous ces paramètres influencent la manière dont vibre le bois et ont une incidence sur la qualité du son émis. Une fois l'ouvrage achevé, il est dur d'en percer les secrets. Impossible de désosser ou de broyer l'instrument (les derniers Stradivarius vendus ont battu des records de prix : 2 millions de dollars en 2005 ; 3,5 millions de dollars en 2006) !

Les experts en rétro-ingénierie ont donc passé l'ensemble des hypothèses au crible. Rien n'a été laissé au hasard. En 1967, John Schelling se préoccupe du vernis. En 1972, Simone Sacconi s'y intéresse aussi. Puis, en 1979, ce dernier essaie de comprendre le rôle joué par l'archet. En 1987, George Knott fabrique un violon virtuel pour en étudier les vibrations. En 1988, on soupçonne la présence de pouzzolane, terre d'origine volcanique, sur le fond de la caisse. En 2005, Terry Borman étudie l'épaisseur des deux planches d'érable constituant le caisson. En 2006, Joseph Nagyvary relance l'hypothèse (déjà émise dès 1978) d'un traitement chimique du bois. Malgré tout, les chercheurs n'arrivent pas à accorder leurs violons.

Tout récemment, trois résultats étonnants relatifs à la nature du bois et son traitement sont venus brouiller un peu plus les pistes. Jusqu'alors, il était généralement admis que les bois anciens pouvaient avoir une densité différente des bois actuels. Qui dit densité différente dit alors propriétés vibratoires différentes, donc sonorité différente. Ce changement de densité peut être lié à la période de découpe du bois ou au climat. Au printemps, le bois, en phase de croissance, est moins dense qu'à l'automne, lorsque l'arbre cherche à se renforcer. En outre, des facteurs climatiques, tel le manque d'eau ou de soleil, impliquent une croissance lente des arbres, donc une densité plus importante.

Or, à l'été 2008, une équipe hétéroclite constituée d'un luthier et d'un... médecin est arrivée à la conclusion qu'il n'y a, en moyenne, guère de différence de densité entre les bois d'un Stradivarius ou d'un Guarneri et ceux des instruments modernes. La méthode d'investigation des deux hommes est originale : Berend Stoel, radiologue à Leyde (Pays-Bas), a utilisé un scanner tomographique[1] pour évaluer la densité d'un violon sans le démonter. Son

1. Scanner tomographique : technique qui consiste à découper des tranches virtuelles de l'objet étudié et à les reconstruire par ordinateur. Les rayons X servent de sondes.

outil : un nouveau logiciel qu'il a développé dans son hôpital pour détecter l'emphysème pulmonaire. C'est en fait après avoir lu l'article présentant cette innovation que le luthier américain Terry Borman a demandé à Berend Stoel de recevoir des violons en tant que patients lambda. Musicien amateur, le radiologue a accepté la venue de deux Stradivarius, de trois Guarneri et de huit violons modernes (élaborés par trois luthiers différents). Conclusion : la densité du bois de ces différents instruments est identique. En revanche, les deux compères ont décelé une différence très marquée, ignorée jusqu'à présent. Ils ont mesuré l'écart de densité entre les régions de croissance printanière et automnale. Sur quelques millimètres d'épaisseur du bois, plusieurs strates de croissance existent en effet. Or les chercheurs ont constaté que cet écart de densité était bien plus faible pour les violons classiques que pour les modernes. Bien sûr, ce paramètre varie naturellement selon que le bois utilisé provient de la base ou du sommet du tronc, mais aussi selon qu'il est plus ou moins proche du cœur de l'arbre. Les luthiers italiens des XVIIe et XVIIIe siècles auraient-ils fabriqué leurs instruments en utilisant des pièces de bois différentes de celles choisies par nos contemporains ? Berend Boel et Terry Borman se gardent bien de l'affirmer et n'excluent pas qu'un traitement particulier du bois puisse expliquer cette différence de densité.

C'est là qu'est intervenu un vétéran du sujet, Joseph Nagyvary[1]. Depuis une trentaine d'années, ce chimiste et violoniste amateur défend la thèse d'un secret de fabrication des luthiers italiens. Selon lui, ces derniers traitaient leurs bois. En 2009, il a enfin réussi à récupérer quelques échantillons de bois d'un violoncelle de Stradivarius et de deux violons de Guarneri, qu'il a comparés avec ceux de violons modernes. Fondé sur des analyses chimiques, son verdict

1. http://nagyvaryviolins.com

a été catégorique : ces matériaux anciens contiennent des produits tout sauf naturels, tels le sulfate de baryum, les oxydes de zirconium ou les fluorures de calcium. Ces « ingrédients » auraient servi à composer une mixture destinée à protéger les instruments. Le chercheur a également constaté que la signature chimique était différente selon l'instrument. Il n'y a donc pas de recette miracle ! En tout cas, ces conclusions vont dans le sens des résultats liés à la tomographie médicale…

La technologie de pointe a également apporté de grands éclairages sur le vernis qui recouvre les instruments. Une équipe internationale travaillant sur des Stradivarius conservés au musée de la Musique à Paris[1] a déployé les grands moyens : synchrotron, spectrométrie de masse, microscopie… Le vernis a craqué ! Il ne contient ni pouzzolane, ni matière organique de type albumine d'œuf, gélatine ou cire d'abeille. Il s'agit d'huile colorée en rouge par différents pigments, dont l'oxyde de fer, le sulfate de mercure ou la poudre tirée de la cochenille…

Si ces progrès font avancer la connaissance, notamment en matière de conservation optimale de ces instruments, ils ne renseignent en rien sur leur qualité sonore si singulière ! D'ailleurs, les spécialistes constatent que les Stradivarius ne peuvent sonner aujourd'hui comme hier, tant ils ont subi de réparations au cours du temps. En outre, un musicien amateur ne se mettra pas à jouer comme un génie en posant ses doigts sur les cordes d'un de ces chefs-d'œuvre. Pourquoi un homme exercé ressent-il une émotion particulière à l'écoute de ces instruments ? Mystère. Le véritable secret des Stradivarius ne résiderait-il pas plutôt dans la subjectivité de chaque oreille et cerveau humains ?

1. http://citedelamusique.fr/francais/musee/recherche/vernis-stradivarius.aspx

SUPRACONDUCTIVITÉ

Pourquoi l'électricité circule-t-elle sans résistance dans certains matériaux conducteurs ?

En 2008, la ville de New York s'est équipée d'un câble électrique d'un tout nouveau genre. Le courant électrique y circule sans résistance, donc sans perte ! Cette propriété remarquable, qui promet de résoudre bien des problèmes de consommation, se nomme la supraconductivité. Découverte il y a près d'un siècle par le Néerlandais Heike Kamerlingh Onnes, elle n'a trouvé son application que tout récemment[1]. En effet, la supraconductivité ne se laisse pas dompter si facilement : la résistance disparaît dans le câble à la seule condition que celui-ci soit très refroidi. Vers -200 °C[2]. Bien entendu, les industriels préféreraient que cela fonctionne à plus haute température, voire à température ambiante, comme avec le fil de cuivre. Problème : les physiciens ignorent d'où vient cette propriété.

---

1. New York n'est pas la première ville à tester un tel câble. Copenhague ou Colombus (Ohio) l'avaient précédée, en utilisant des câbles plus courts et de moindre voltage. La supraconductivité est également couramment utilisée dans les laboratoires ou les appareils d'IRM pour générer de forts champs magnétiques sans consommer trop de courant électrique.
2. Obtenir cette très basse température implique en fait de consommer de l'électricité. Toutefois, si le procédé demeure coûteux, les bénéfices engendrés par la réduction des pertes de résistance sont supérieurs aux surcoûts de fonctionnement.

Les scientifiques savent bien des choses, mais ignorent encore comment fabriquer sur mesure les matériaux qui révolutionneraient le transport de l'électricité. La supraconductivité est en effet un phénomène assez particulier, dont l'origine se situe au niveau des atomes. Plus précisément, il faut s'en remettre à une théorie bâtie pour décrire le monde de l'infiniment petit, la mécanique quantique[1], et l'appliquer à un câble long d'une centaine de mètres ! En 1957, trois physiciens ont réussi à le faire : John Bardeen, Leon Cooper et Robert Schrieffer, désormais plus connus sous le nom de BCS. En 1972, cela leur a valu le prix Nobel.

En fait, ils ont démontré la possibilité de marier les électrons par paire, ce qui semblait alors contre nature, dans la mesure où ces particules élémentaires possèdent des charges électriques négatives qui se repoussent. Ce mariage heureux a eu pour conséquence de supprimer la résistance du milieu au passage d'un courant sous certaines conditions, notamment de température. Aussi sûrement que l'eau bout à 100 °C, les électrons d'un conducteur s'apparient au-dessous d'un certain niveau thermique. Grâce à BCS, la supraconductivité du plomb, du mercure ou de l'aluminium est apparue au grand jour. Cependant, le phénomène est longtemps resté inexploitable dans des câbles électriques, en raison des contraintes de température déjà évoquées.

En outre, cette théorie, aussi brillante soit-elle, ne permet absolument pas d'éclairer le phénomène de supraconductivité des matériaux utilisés dans les câbles new-yorkais ! Ceux-ci sont des céramiques, c'est-à-dire des solides

1. La mécanique quantique est née dans l'entre-deux-guerres. Entre autres particularités, elle remplace les particules par des ondes, permet à des objets de se trouver dans deux états à la fois, autorise ces mêmes objets à faire des sauts d'énergie ou à sauter des barrières réputées infranchissables... Elle a permis la mise au jour de l'effet photoélectrique, l'invention des lasers et des puces d'ordinateur...

constitués de plusieurs feuillets d'atomes empilés les uns sur les autres, une couche isolante alternant avec une couche conductrice. Au milieu des années 1980, leur découverte a constitué une révolution restée dans les annales sous le nom de « Woodstock de la physique ». C'est dire ! En 1987, plus de deux mille chercheurs ont souhaité assister à la série d'exposés courts présentant l'obtention de cette nouvelle famille de supraconducteurs à « haute température ». Quelques mois auparavant, Alex Müller et Georg Bednorz, des laboratoires IBM de Zurich, avaient en effet fabriqué une première céramique battant tous les records et supraconductrice à environ -240 °C. Cela peut paraître froid, mais c'est quand même une dizaine de degrés de plus que les meilleurs matériaux supraconducteurs de l'époque ! Surtout, peu de temps après, Paul Chu, de l'université de Houston, a modifié cette recette, permettant un bond de 60 °C, à la température de transition. L'année même de la fameuse conférence, le prix Nobel a été accordé aux chercheurs d'IBM ; un délai extrêmement court qui marque bien l'importance de ce travail. Ensuite la température est montée, montée… pour atteindre -135 °C, record actuel. Régulièrement, on annonce tambour battant l'atteinte de températures encore plus élevées, voire proches de la température ambiante. Le dernier record en date, à -33 °C (!), est l'œuvre d'un chercheur américain… indépendant, Joe Eck ! Il anime le site d'informations « superconductors.org » et mène aussi, avec très peu de moyens, ses propres travaux, qui n'ont pour l'heure reçu aucune confirmation. Joe est certain que son heure viendra.

Ces tentatives ne se font certes pas à l'aveuglette, mais elles demeurent guidées par la chance : un soupçon de ceci, un peu moins de cela (« ceci » et « cela » étant des éléments chimiques comme le lanthane, l'yttrium, le baryum…). Tout serait plus simple si l'on comprenait véritablement les mécanismes à l'œuvre dans ces céramiques à base d'oxyde de cuivre découvertes par Müller et Bednoz. C'est-à-dire comment, dans ces matériaux, les électrons parviennent à s'apparier. Aujourd'hui, on sait seulement que le mécanisme BCS ne peut fournir d'explication. Plusieurs théories, trop délicates à expliquer ici, ont été avancées, mais on en attend la confirmation expérimentale. L'une d'elles, forme de testament, a été élaborée par le Français Pierre-Gilles de Gennes[1]. Ce prix Nobel de physique 1991 est décédé en 2007, non sans avoir écrit avec Guy Deutscher un ultime article sur son premier amour : la supraconductivité. Selon Guy Deutscher, aucun défaut théorique majeur n'a été décelé dans leur raisonnement, mais des idées concurrentes existent.

Pour percer les secrets de la supraconductivité, les chercheurs essaient de comprendre expérimentalement ce qui se passe juste avant le basculement brutal dans ce comportement quantique. Il faut donc arriver à « casser » subtilement le matériau, autrement qu'en jouant sur la température. En 2008, c'est ce qu'a réussi à faire l'équipe de Cyril Proust, du Laboratoire national des champs magnétiques pulsés de Toulouse (LNCMP), grâce à l'utilisation de forts champs magnétiques. Les conclusions de cette recherche ne sont pas définitives, mais la méthode employée promet une exploration plus pertinente du phénomène. La supraconductivité va bien finir par ne plus résister !

---

1. Ce physicien brillant et touche-à-tout est connu pour ses travaux sur les cristaux liquides ou les protéines et pour avoir créé une discipline, la physique de la matière molle. Celle-ci s'intéresse au comportement d'objets à des échelles intermédiaires (entre macroscopique et microscopique) et à leurs états, ni vraiment liquides, ni tout à fait solides. Les polymères, tels les plastiques, les membranes des cellules, les mousses, les gels, comptent parmi ces objets.

THÉORIE DU TOUT

Pourra-t-on résumer toute la physique en une équation unique ?

En physique, rien ne va plus. C'est même la guerre dans les laboratoires. Les troubles n'atteignent pas toute la discipline, bien sûr, mais sa branche la plus fondamentale, celle qui s'intéresse aux constituants de la matière et aux forces qu'ils subissent. En exagérant un peu, les uns prétendent qu'ils sont sur la piste d'une équation expliquant « tout », de l'infiniment grand à l'infiniment petit. Les autres rétorquent que cela n'explique « rien » et que, depuis trente ans, leurs adversaires n'ont fait que laisser régner la confusion.

Comment en est-on arrivé là ? Jusqu'à l'explosion de ces querelles, tout allait plutôt bien. La physique suivait une voie féconde, celle du réductionnisme, lequel consiste à casser les objets de plus en plus finement et à simplifier les équations qui gouvernent les forces agissant sur la matière.

Côté matière, nous avons déjà un peu raconté cette histoire tranquille (voir « Antimatière », p. 19). La matière est une poupée russe. Elle se compose d'atomes, qui eux-mêmes se composent d'électrons gravitant autour d'un noyau de protons et de neutrons. Ces derniers se décomposent en quarks. Électrons et quarks constituent les particules les plus élémentaires que nous connaissions[1].

---

1. Pour que le tableau soit complet, il convient d'ajouter les neutrinos, des particules pratiquement sans masse et sans charge électrique.

Côté forces, quatre suffisent à décrire les interactions de la matière. La première est la force de gravitation, qui fait tomber les pommes vers le bas ou tourner la Lune autour de la Terre. La deuxième est la force électromagnétique, qui décrit l'interaction entre particules chargées et en mouvement. Les deux suivantes, dites « faible » et « forte », agissent au niveau des atomes. L'interaction forte tient les quarks entre eux pour former les protons. L'interaction faible agit aussi au niveau des noyaux et est responsable de certains types de radioactivité, synonyme de désintégration des noyaux.

À ce puzzle, ajoutons deux théories majeures développées au cours du XXe siècle : la théorie de la relativité générale et la mécanique quantique. Chacune développe en quelque sorte sa propre vision du monde. La première a été mise au point par Albert Einstein. Selon lui, la force de gravitation est le résultat de la courbure de l'espace-temps. Autrement dit, notre espace ressemble à un drap sur lequel seraient posées de grosses masses (comme les planètes) qui déformeraient le tissu.

La seconde a été formulée dans les années 1920 par plusieurs scientifiques, dont Werner Heisenberg, Niels Bohr, Erwin Schrödinger... Elle décrit plutôt le monde de l'infiniment petit, donc celui de l'intérieur de la matière. C'est un monde assez flou et fou, où les objets sont des ondes, peuvent se trouver dans deux états à la fois et où il n'est pas possible de connaître exactement et simultanément leur position et leur vitesse... Cette théorie bizarre fonctionne et a permis la création des lasers et des puces électroniques pour ordinateur !

Résumons la situation. Sur la palette du physicien moderne, on trouve une poignée de particules élémentaires, quatre forces et deux visions du monde. Le rêve serait de mettre un peu d'ordre dans tout ça pour composer un tableau moins abstrait. Voire de tout rassembler en un seul tube de gouache pour faire naître un tableau monochrome, c'est-à-dire une seule équation unifiant l'ensemble. Une seule « particule », une seule « force », une seule vision du monde. C'est la fameuse théorie du Tout. L'objectif paraît d'autant plus réalisable que les premiers pas ont été couronnés de succès.

Ainsi, au début du XIXe siècle, on expliquait le magnétisme et l'électricité comme étant deux forces distinctes. Or, en 1873, le Britannique Maxwell a finalement montré qu'un changement de formalisme pouvait rassembler les deux[1].

Ensuite, dans le foisonnement intellectuel qui a donné naissance à la mécanique quantique, on a vite trouvé une manière de concilier cette nouvelle théorie avec l'électromagnétisme, grâce à l'électrodynamique quantique. En 1967, Abdus Salam et Sheldon Glashow réussissent à la marier aux interactions faibles : c'est la théorie électrofaible. Selon eux, à un moment de l'histoire de l'univers, les deux forces, faible et électromagnétique, ne faisaient qu'une ! Autrement dit, à très haute énergie (une caractéristique de notre univers jeune), il n'est pas possible de les distinguer.

Cinq ans plus tard, Murray Gell-Mann parvient à associer l'interaction forte à la mécanique quantique et donne naissance à la chromodynamique quantique.

Finalement, au milieu des années 1970, un tableau réalisé à partir de la palette initiale est exposé. C'est le modèle standard. Il représente toutes les particules et les deux forces réconciliées avec la mécanique quantique. Magique, il prédit même l'existence de particules, tels les quarks, qui seront découvertes plus tard dans les accélérateurs de particules. Hélas ! des défauts sautent aux yeux

1. Maxwell a montré qu'électricité et magnétisme sont bien liés, mais son modèle formel contenait plus d'une équation. Aujourd'hui, avec des concepts mathématiques plus modernes, on peut effectivement écrire tout cela en une seule formule.

des puristes : la force de gravitation est laissée de côté ; la chromodynamique quantique et la théorie électrofaible demeurent séparées, même si on décide de remonter le temps jusqu'aux origines et aux très hautes énergies[1] ; toutes les particules ont la même masse nulle, ce que la réalité contredit chaque jour (lire le chapitre sur le boson de Higgs, p. 49).

Alors les artistes se remettent à la tâche ; ils tentent d'abord d'unifier la force électrofaible et l'interaction forte, puis carrément toutes les forces, gravitation incluse... Pour l'instant, c'est un demi-échec. Une théorie existe bel et bien, mais elle n'a pas encore reçu de validation expérimentale réellement convaincante : c'est la fameuse théorie des cordes. Celle-ci remplace toutes les particules par une seule, une sorte de corde vibrante. Sur le papier, sa version « supercorde » promet effectivement d'unifier les quatre forces. Mais où sont ces cordes ? Et où se trouvent les dimensions supplémentaires de l'espace que le modèle impose ? Le futur accélérateur de particules du Cern, le LHC, pourrait peut-être apporter quelques indices, mais sûrement pas une confirmation complète, car les énergies à partir desquelles les cordes se font pleinement sentir sont bien trop élevées. Autre défaut : les cordes sont très libres et fournissent autant d'univers qu'on le souhaite. Du coup, on peut presque toujours trouver un paramètre permettant d'expliquer un résultat expérimental.

Face à ces obstacles, d'autres physiciens ont choisi d'éviter de s'attaquer au problème global pour se « contenter » de résoudre un problème connexe : la réconciliation des deux visions du monde antagonistes,

1. Une théorie existe, appelée « supersymétrie », qui réussit à fusionner toutes ces forces en une seule. Elle suppose cependant l'existence de nouvelles particules qui n'ont pas encore été détectées.

incarnées par la relativité et la mécanique quantique[1]. D'où le terme de gravitation quantique pour désigner leur théorie. Dans les expériences qu'ils mènent actuellement, ils cherchent à comprendre le sens de certains résultats encore obscurs qui pourraient ensuite servir de test à leur nouvelle théorie. Malheureusement, comme pour les cordes, aucun indice ne permet de conclure que les équations actuelles ne sont pas aptes à décrire les faits observés. Et rien non plus dans l'œil des télescopes ou radiotélescopes qui scrutent les rayons cosmiques ou les débuts de l'univers (voir p. 219 et p. 43).

En attendant, les deux familles de physiciens s'affrontent. Les premiers coups ont été portés en 2006, lorsque Lee Smolin et Peter Woit ont chacun écrit un livre dans lequel ils osent s'en prendre à leurs collègues adeptes de la théorie des cordes. Peter Woit s'était déjà fait la main en postant des critiques acerbes du « camp d'en face » sur son blog « *Not Even Wrong* ». Les deux physiciens appuient là où ça fait mal : l'absence de preuves expérimentales, mais surtout l'impasse conceptuelle où ces idées mènent. Il y a tant de paramètres ajustables qu'il existera toujours une combinaison collant à la réalité. Pour les cordistes (notamment Leonard Susskind qui réplique à ces adversaires en écrivant lui aussi un livre), cette diversité de solutions n'est pas un problème, mais plutôt une nouvelle réalité scientifique avec laquelle il va falloir apprendre à vivre. L'affrontement est également d'ordre sociologique, les deux premiers scientifiques reprochant aux cordistes de dominer la discipline et

1. En général, les phénomènes physiques s'expliquent très bien, se répartissant dans un cadre d'analyse ou l'autre. Pour faire tourner la Terre autour du Soleil, nul besoin de mécanique quantique. Pour créer un laser, pas besoin de gravitation. En revanche, lorsqu'il est question d'un trou noir ou de l'origine de l'univers, il devient nécessaire de se référer à ces deux cadres analytiques, et les équations deviennent folles...

d'étouffer les idées neuves. Et ces derniers de rappeler qu'ils étaient eux-mêmes marginalisés dans les années 1980 ! Pas sûr que ce climat soit propice à l'émergence de la nouvelle physique…

TROUS NOIRS

Sont-ils vraiment si gloutons ?

Les physiciens sont facétieux. L'un des plus célèbres, le Britannique Stephen Hawking[1], aime à faire des paris avec ses collègues. En 1997, il a parié avec son confrère Kip Thorne contre John Preskill qu'un trou noir était si glouton que toute la matière qu'il avalait disparaissait à tout jamais. Cette position a évidemment soulevé quelques objections et, en 2004, Hawking a admis s'être trompé et a offert une encyclopédie sur le base-ball à John Preskill. Cela dit, rien n'est venu confirmer ou infirmer son hypothèse… L'éventuelle gloutonnerie des trous noirs demeure une énigme…

Reprenons les différents termes du pari pour le comprendre.

Qu'est-ce qu'un trou noir ? C'est un objet astrophysique qui concentre énormément de matière en un tout petit volume de l'espace. Il peut ainsi peser plusieurs milliards de fois notre Soleil pour un diamètre de seulement quelques kilomètres ou dizaines de kilomètres (le diamètre du Soleil dépassant le million de kilomètres). Sa densité est telle que le trou noir retient tout ce qui passe

---

1. Stephen Hawking est un physicien britannique reconnu par ses pairs pour ses travaux sur les trous noirs et la cosmologie primordiale et connu du grand public grâce à son best-seller *Une brève histoire du temps*. Il est atteint d'une maladie paralysante, la sclérose amyotrophique latérale, qui l'oblige à circuler en fauteuil roulant et à s'exprimer *via* un ordinateur.

à sa portée, que ce soit de la matière ordinaire venant de poussières ou d'étoiles proches, ou des photons. Ces monstres peuvent avoir plusieurs origines, dont la plus commune est la mort d'une étoile. Lorsque l'énergie tirée de la fusion nucléaire ne contrebalance plus la force de gravitation au cœur de l'étoile, celle-ci s'effondre. L'onde de choc résultant de cet effondrement expulse les couches superficielles de l'étoile, qui est alors appelée supernova. Le cœur restant continue son effondrement et la matière se concentre, formant le trou noir. D'autres mécanismes, non encore totalement élucidés, expliquent l'existence de trous noirs bien plus massifs qui se trouvent au cœur des galaxies[1].

Par définition, rien ne peut sortir de ces régions, denses en matière, et ces objets sont donc invisibles. D'ailleurs, personne n'a jamais observé un trou noir de manière directe. À l'origine, les trous noirs sont une hypothèse théorique sortie des équations de la relativité générale d'Einstein. Désormais, on a de grandes présomptions de leur existence réelle, grâce à la détection indirecte de plusieurs dizaines de suspects. La disparition de la matière laisse des traces. Avant d'être engloutie par un trou noir, elle tourbillonne autour de lui. La pression et la friction engendrées échauffent la matière, qui se met à émettre des rayons X ou des rayons gamma, détectables par un télescope. Une autre méthode consiste à observer minutieusement le mouvement de rotation des étoiles dans les galaxies. S'il est anormal, c'est qu'un objet massif invisible, par exemple un trou noir, est dans les parages. Le centre

1. En fait, on distingue trois grandes familles de trous noirs. Les trous noirs stellaires, dont nous venons de décrire la naissance. Les trous noirs supermassifs, des millions, voire des milliards de fois plus massifs que le Soleil. Ils nichent au cœur des galaxies, mais leur genèse n'est pas bien connue. Enfin, les trous noirs intermédiaires, environ cent fois plus massifs que le Soleil. Ceux-là seraient le résultat de la fusion de trous noirs plus petits ou d'étoiles à neutrons.

de notre galaxie abrite l'un de ces monstres, qui pèserait environ trois millions de fois plus que le Soleil.

Dans les années 1970 déjà, peu après que le terme « trou noir » a été proposé par John Wheeler, Stephen Hawking s'est illustré en pariant contre Kip Thorne que l'étoile Cygnus X-1 ne tournait pas autour d'un trou noir. Pari perdu… Le physicien s'est rattrapé en faisant une prédiction qui l'a rendu célèbre : les trous noirs ne sont pas éternels, ils s'évaporent ! Petit à petit, leur taille se réduit jusqu'à leur disparition totale[1]. Pour l'instant, le phénomène n'est que théorique, mais il fait consensus. Aucune évaporation n'a été détectée et les physiciens tentent de créer en laboratoire des analogues inoffensifs de trous noirs pour observer cette évaporation[2].

Conséquence de cette affirmation : le fameux pari si polémique. En effet, si une étoile disparaît dans un trou noir, puis si le trou noir s'évapore totalement, peut-on retrouver l'étoile dans ce qui « ressort » ? Personne ne songe que l'ultime rot du trou noir lui permette de recracher ses victimes indemnes. En fait, toute la question est de savoir s'il est possible de récupérer dans les particules émises par le trou noir toutes les informations contenues dans une étoile avant sa disparition et son « ingestion ». Si ce n'est pas le cas, nous avons affaire à la violation d'un principe général de physique : celui de la conservation. D'une manière ou d'une autre (et cela peut être

1. Le principe de l'évaporation est facile à comprendre. En permanence, des paires de particules et d'antiparticules sont créées dans l'espace (voir « Antimatière », p. 19). En général, elles s'annihilent immédiatement. Si l'un des éléments du couple vient à tomber dans le trou noir, l'autre se retrouve orphelin et peut s'échapper. C'est la marque de l'évaporation.

2. Des objets quantiques tels que des condensats d'atomes très froids ou des liquides superfluides seraient régis par les mêmes équations que les trous noirs et permettraient donc de tester la prédiction d'Hawking… sans risquer de se faire avaler.

horriblement compliqué), les physiciens aimeraient, après l'évaporation du trou noir, retrouver trace des objets qui lui préexistaient.

Hawking était prêt à admettre que cette information était définitivement perdue, mais pas John Preskill et ses acolytes, pour qui cette perte irrémédiable remet en question tout leur savoir sur la vie des particules. Pour trancher cette question, la communauté scientifique est malheureusement démunie : les trous noirs établissent aussi les limites de nos connaissances les plus théoriques en physique. Leur formation et leurs principaux effets sont décrits par la relativité générale, mais la concentration de matière est telle que la mécanique quantique doit aussi compter. Or aujourd'hui, on ne sait pas réconcilier l'infiniment grand et l'infiniment petit (voir p. 245). Pourtant, Hawking s'est déclaré perdant… C'est qu'entre-temps deux physiciens ont réussi à démontrer que l'information n'était pas perdue et qu'il était possible de la retrouver. Ils ont fondé leur raisonnement sur la théorie actuellement en vogue et qui permet justement de réconcilier les deux extrêmes : la théorie des cordes. Malheureusement, leurs calculs ne valent que dans un cas particulier. Si cela a incité Hawking à admettre sa défaite, cela n'établit pas pour autant les principes d'une loi générale.

En la matière, les physiciens en sont réduits à des spéculations. Par exemple, si d'autres univers existent, l'information pourrait passer de notre univers à un autre *via* le trou noir, et vice-versa. Et de même qu'il existe en mécanique quantique un principe réduisant la connaissance absolue que l'on peut avoir d'un système (le principe d'incertitude d'Heisenberg[1]), il pourrait y avoir un

1. Par exemple, la théorie quantique stipule qu'il est impossible de connaître simultanément et avec précision la vitesse et la position d'une particule.

second principe de ce genre permettant d'expliquer la disparition d'une partie de l'information absorbée par un trou noir.

En attendant l'apparition et la validation de nouvelles théories, les physiciens sont encore très occupés par les trous noirs. Ils ne sont pas tout à fait certains de savoir quelle masse d'étoile permet leur naissance, quel est le taux de formation de ces objets dans les galaxies, ni combien ils pèsent vraiment. Récemment, une équipe a réévalué les estimations de masse des trous noirs dans les galaxies voisines. Les chercheurs se sont aussi lancés dans la détection directe de ces mastodontes grâce aux ondes gravitationnelles qu'ils émettent. Sous l'effet de ces ondes, l'espace-temps est secoué comme une gelée alimentaire. Sur Terre, deux grands détecteurs (Virgo en Italie et Ligo aux États-Unis) devraient permettre d'observer ces effets, grâce à un outil incroyable : des bras laser longs de plusieurs kilomètres. La perturbation devrait modifier la longueur des bras de bien moins que le diamètre d'un atome… Hélas ! non seulement la mise au point est délicate, mais les physiciens ne s'entendent pas sur le nombre et la nature des ondes attendues. Il faut bien avouer que le couple formé par deux trous noirs ou une étoile et un trou noir est extrêmement compliqué à décrire[1]…

La liste des énigmes est longue. Vient s'y ajouter le mystère du rôle exact joué par les trous noirs dans un étrange bombardement cosmique tombant sur la Terre… C'est l'objet d'un précédent chapitre que le lecteur s'empressera de lire, s'il ne l'a déjà fait (voir « Rayons cosmiques », p. 219) !

---

1. Pour en savoir plus, se référer au documentaire coproduit par *Sciences et Avenir* qui raconte le voyage incroyable d'un vaisseau spatial vers un trou noir : www2.iap.fr/users/riazuelo/bh/index.html Effets très spéciaux (mais réels) garantis.

TURBULENCES

Comment les tourbillons se forment-ils dans le robinet ?

Pour se creuser la tête en physique et se colleter avec des problèmes non résolus, il n'est pas toujours nécessaire de s'en remettre aux télescopes, satellites, microscopes et autres accélérateurs de particules. Un simple robinet d'eau, un peu d'encre noire et un tuyau transparent suffisent à mettre les physiciens dans un état de grande perplexité. Remplissez d'eau le tuyau horizontal, puis alimentez-le en tournant le robinet. Déposez alors une goutte d'encre dans le flot. Un mince filet noir apparaît, parfaitement droit et horizontal. Augmentez maintenant le débit au robinet. Soudain, le filet hoquette, sursaute et quitte son apparence rectiligne. Instable, il se met à former des volutes et des tourbillons dans le tuyau. La turbulence a fait son apparition. L'encre n'est pas la seule à être troublée. Les physiciens aussi : pourquoi et comment ces tourbillons sont-ils apparus ? Comment vont-ils évoluer ?

Ce qui se produit dans ce simple tuyau survient également derrière les ailes d'un avion ou les quilles d'un bateau. Dès lors que deux fluides se trouvent en mouvement, la turbulence peut apparaître. Désarroi chez les scientifiques : ils ne comprennent pas vraiment quelles lois régissent ce phénomène, alors même que, depuis cent cinquante ans, ils disposent d'une équation le décrivant.

C'est l'équation de Navier-Stokes, établie en 1823, qui mêle vitesse de l'écoulement, viscosité des fluides, pression… Pourtant, sa résolution mathématique reste pour l'instant impossible. Elle appartient même aux sept problèmes mathématiques du millénaire inventoriés en l'an 2000 par la fondation américaine Clay et déjà évoqués dans ces pages. En maths, il ne suffit pas de poser une équation pour la résoudre… La formule de Navier-Stokes possède en effet des propriétés qui la rendent délicate à maîtriser, même avec l'aide des ordinateurs. Par exemple, elle est non linéaire, c'est-à-dire que ses effets ne sont pas proportionnels aux causes et qu'ils peuvent devenir très importants. Elle est également chaotique, c'est-à-dire que deux situations initiales proches peuvent engendrer des réponses parfois très éloignées. Enfin, elle n'a pas toujours une solution unique : dans ce cas-là, pour laquelle opter ? Et comment savoir laquelle a été choisie dans la nature ?

Du coup, les physiciens se sont divisés en deux écoles. D'un côté, ceux qui prennent à bras-le-corps cette fameuse équation et essaient de la domestiquer. De l'autre, les ingénieurs dans l'âme, qui constatent qu'en fonction d'une hypothèse et d'un problème donnés il est possible d'élaborer un modèle et d'avancer. Après tout, la méconnaissance de toutes les subtilités de la turbulence n'empêche pas les avions de voler ! En suivant cette logique, on se retrouve avec une théorie de la turbulence pour chaque situation ! Un petit génie sortant de l'eau troublée serait donc le bienvenu…

Les astrophysiciens aimeraient également comprendre cette équation. Quelque chose cloche dans leurs modèles sur la formation des étoiles. En général, on estime que cette dernière découle d'une sorte de crêpe de gaz tournant dans l'espace. La viscosité du milieu fait que l'ensemble ralentit et que des grumeaux peuvent se former au centre. Pourtant, les calculs démontrent que cette formation prendrait alors un temps infini ! La turbulence vient à son secours en accélérant le freinage. En tenant compte de ce phénomène, les scientifiques réalisent des modèles plus en accord avec leurs observations (notamment en ce qui concerne le temps de formation des étoiles). Pour autant, un mystère demeure : ce système permettant la formation des étoiles est plutôt stable et les physiciens ne comprennent toujours pas pourquoi la turbulence y apparaît…

Des progrès ont tout de même été réalisés, notamment en ce qui concerne l'écoulement dans le tuyau. En 2004, l'équipe de Bjorn Hof, de l'Institut Max-Planck de Göttingen, est parvenue à observer expérimentalement le passage si subtil et imprévisible de l'état calme à l'état turbulent. Dans un tuyau de vingt-six mètres de long et à l'aide de caméras ultrarapides, les chercheurs ont pris sur le vif des ondes particulières qui apparaissent au moment de la transition. Ces vagues prédites par les mathématiciens semblent contrôler l'évolution du système : elles agissent sur les flots comme les articulations (ou *bumpers*) d'un flipper. Elles repoussent ou attirent les ondes et leur font prendre cette allure chaotique caractéristique de la turbulence. Enfin une avancée vers une description du phénomène ! Malheureusement, le nombre de ces *bumpers* est assez élevé et les chercheurs ne comprennent pas bien comment l'écoulement passe de l'un à l'autre… Une certitude découle tout de même de leur observation : la probabilité que l'écoulement turbulent redevienne calme n'est pas nulle si on attend suffisamment longtemps. Cette affirmation est tout de même surprenante et ne fait guère consensus.

Comme d'autres, ces chercheurs rêvent de contrôler la turbulence. Ce chaos, ces tourbillons et tout ce qui s'ensuit augmentent en effet les forces de frottement des véhicules dans l'air ou dans l'eau et accroissent finalement leur consommation d'énergie. L'équipe de Bjorn Hof rêve donc d'« ajouter » des *bumpers* de façon contrôlée, pour ainsi maîtriser les éléments. Les résultats de leurs expériences ne sont pas encore parus, contrairement à ceux de l'équipe de Carlo Cossu (École polytechnique de Palaiseau). En 2006, en aval d'une sorte d'aile d'avion, cette équipe est parvenue à repousser l'apparition des tourbillons plus loin que d'habitude. De petits cylindres de deux millimètres de haut ont en fait été déposés au milieu du profil et de l'écoulement. Cette technique a ensuite été développée en coopération avec un constructeur automobile et a permis de réduire de manière effective la traînée, cette force responsable du « frottement ». Cependant, des systèmes dits « actifs » (car ils injectent ou absorbent l'air par de petits trous) existent déjà, qui permettent l'obtention de résultats similaires. Pas sûr donc que de petits pics viennent bientôt hérisser la carrosserie des voitures. Réduire sa vitesse reste le moyen le plus sûr d'éviter la turbulence et de réduire la consommation énergétique de son véhicule.

UNIVERS

Quelle forme a-t-il ?

Quoi de plus naturel pour l'homme que de chercher à percevoir la forme et les limites de son environnement ? Sa maison se trouve-t-elle au fond d'une vallée, à flanc de colline ou sur un terrain plat ? La Terre est-elle ronde ou plate ? Et, plus loin encore, l'univers s'étend-il à l'infini ou adopte-t-il une forme plus spéciale ? Pour répondre à la première question, il suffit souvent de mettre le nez dehors. La deuxième trouve un début de réponse grâce à un coup d'œil jeté sur la ligne d'horizon… On y constate une certaine rotondité et les bateaux y disparaissent. Au XVe siècle, Christophe Colomb prit la mer pour savoir quelle était vraiment la taille de notre planète (et non pour vérifier si elle était ronde, contrairement à la légende). Sur une sphère, en suivant une direction et en s'y tenant, on revient fatalement à son point de départ. Mais qu'en est-il de l'univers tout entier ? Avec quel navire pourrions-nous nous aventurer vers les bords de l'espace, si tant est qu'il y en ait ? Cet incroyable défi laisse encore les scientifiques tout pantois.

L'espace dans lequel sont installées notre Terre et notre galaxie est-il infini dans toutes les dimensions ? Il serait alors impossible d'en faire le tour. Est-il une sorte de sphère dont il serait possible de mesurer le rayon ? Se pourrait-il que nous vivions dans un monde bien plus exotique ? Serions-nous semblables à ces fourmis installées sur une bouée, avec un trou au milieu de leur univers ? Et pourquoi pas deux trous, ou plus ? *A priori*, tout est envisageable... Seules les mathématiques et l'expérience peuvent brider notre imagination.

Pour un mathématicien, il importe de savoir comment mesurer la distance entre les points A et B d'un espace donné. C'est la géométrie. Et aussi de décrire tous les chemins reliant ces deux points. C'est la topologie.

L'approche géométrique n'est pas si simple. On serait tenté de dire qu'une règle graduée suffit à mesurer la distance entre A et B. La démarche est pertinente si A et B se trouvent sur une feuille de papier plane. Elle est vouée à l'échec si ces deux points sont disposés sur une grande sphère, avec un point à l'équateur et un point au pôle, par exemple. En effet, une règle ne peut se tordre. Dans ce cas, d'autres outils mathématiques sont nécessaires. Chacun connaît le théorème de Pythagore (la somme des carrés des côtés d'un triangle rectangle est égale au carré de l'hypoténuse). Ce théorème s'applique à un triangle dessiné sur une feuille. En revanche, le même triangle sur une sphère n'obéit pas aux propriétés dudit théorème ! À la surface d'une sphère, deux parallèles se coupent, contrairement à ce qui se passe sur une surface plane. Pire, il existe une troisième géométrie, dont les propriétés varient encore. Il faut s'imaginer une feuille tordue comme une selle de cheval ou un col de montagne. Une certaine diversité de géométrie est donc possible : plate, sphérique et « hyperbolique ».

L'affaire se complique avec la topologie[1], qui décrit les chemins possibles pour relier A à B. Là encore, sur une feuille bien plate, c'est simple : le chemin direct est droit et les autres sont plus longs. Mathématiquement, il est possible de les déformer pour tous les rapporter à la ligne droite. Mais si la feuille est percée d'un gros trou entre les deux points, il existe deux chemins aussi

1. Voir le site de Jeffrey Weeks : www.geometrygames.org

courts l'un que l'autre, l'un contournant le trou par la droite, l'autre par la gauche. Impossible de transformer l'un en l'autre en respectant les usages mathématiques (coup de ciseaux interdit !). Finalement, au sein d'un même système géométrique, plusieurs topologies sont possibles, et réciproquement.

L'explorateur de l'univers doit donc connaître ces deux caractéristiques pour pouvoir dire dans quel espace il vit.

Après le mathématicien, arrive alors le physicien, notamment Albert Einstein. Avec ses célèbres théories de la relativité restreinte et générale[1], il a démontré que la géométrie de l'espace est déterminée par le contenu énergétique et matériel de ce dernier. En d'autres termes, selon que l'univers contient plus ou moins de choses, il sera « plat », « sphérique » ou « hyperbolique ». Masses et énergies courbent plus ou moins l'espace selon leur quantité. Reste donc à peser l'univers. La tâche n'a rien d'aisé. En effet, tout n'est pas visible dans l'univers (voir p. 133 et p. 87) ! Récemment, un indice est cependant apparu. Il a suffi de savoir à quoi ressemblait l'univers à ses débuts pour se faire une idée de la quantité de matière et d'énergie qu'il contient aujourd'hui. En 1963, Arno Penzias et Robert Wilson ont détecté dans leurs antennes un curieux signal venu de l'espace. Plus tard, il a été identifié comme un signal fossile de l'univers, le décrivant tel qu'il était à l'âge de « seulement » 300 000 ans après le Big Bang. Puis des satellites tels que Cobe ou WMAP ont photographié précisément ce bruit originel, baptisé « fond diffus cosmologique ». À l'aide de ces données, les scientifiques ont pu estimer la masse de l'univers. Leurs observations

1. La relativité restreinte permet d'étendre les lois de la physique aux objets ayant des vitesses proches de celle de la lumière. La relativité générale étend les lois de la gravitation de Newton aux grandes échelles de distance et de masse.

excluent une géométrie hyperbolique, mais laissent toute latitude aux deux autres, plate ou sphérique.

Bonne surprise : les mêmes photos apporteraient des précisions quant au second paramètre important, la topologie de l'univers. C'est du moins ce qu'une équipe franco-américaine a expliqué en 2003[1]. Selon elle, notre univers pourrait même avoir une forme tout à fait exotique, se référer à une géométrie sphérique et non pas plate, et même prendre la forme d'un ballon de football, c'est-à-dire d'un objet à douze faces (pentagones et hexagones). Dans ce cas particulier, chaque face en vis-à-vis ne serait pas exactement le reflet de l'autre ; elle serait légèrement décalée, d'un angle de 30 degrés. Un engin spatial sortant de l'univers par une face, comme dans un jeu vidéo, « rentrerait » donc de nouveau par la face opposée ! Autant dire qu'il est assez difficile de se représenter cet espace, appelé « dodécaèdre de Poincaré ». Même si, mathématiquement, c'est possible.

Précision supplémentaire : cette forme originale devrait laisser une signature particulière dans le fond diffus cosmologique. L'expérience peut donc trancher et confirmer ou rejeter cette théorie…

Très vite, une équipe américaine a rétorqué ne pas observer cette signature dans les données de WMAP, ce satellite qui cartographie les premiers instants de l'univers. En 2004, une équipe allemande et une autre polonaise ont contesté ce résultat et expliqué que le dodécaèdre de Poincaré était compatible avec les observations du satellite. En 2007, des astrophysiciens anglais ont une nouvelle fois rejeté la forme du ballon de football. Mais en 2008, l'équipe polonaise a récidivé et confirmé ses premières conclusions.

1. Voir le site de Jean-Pierre Luminet : www.obspm.fr/actual/nouvelle/oct03/luminet.fr.shtml

Autant dire que le débat n'est pas clos, mais simplement en suspens. Pour sortir de la controverse, les scientifiques attendent maintenant les résultats du satellite Planck, qui doit réaliser des clichés plus riches du fond diffus. Ce nouvel instrument a été envoyé dans l'espace en avril 2009 et ne devrait pas transmettre de données avant la mi-2010. Il faudra ensuite reprendre ces calculs topologiques. Peu d'astrophysiciens croient en cet univers sphérique et ils se résignent à vivre dans un espace « plat », c'est-à-dire infini et non courbé. Mais si Planck les contredit, ce sera là une nouvelle révolution copernicienne[1] ! Restera alors à comprendre ce qui a bien pu tordre notre univers de cette façon.

1. Au XVIe siècle, Nicolas Copernic a démontré que la Terre n'était pas le centre du monde et qu'elle tournait autour du Soleil, et non le contraire.

VAGUES GÉANTES

D'où viennent ces avaleuses de bateaux ?

Elles sont la hantise des navigateurs, la terreur des plates-formes *offshore* et… le cauchemar des spécialistes de mécanique des fluides. Elles, ce sont d'énormes vagues dites « scélérates », « monstrueuses » ou « phénoménales ». Leur hauteur peut atteindre trente mètres, soit le double des vagues qui les précèdent ou les suivent. Elles surgissent à l'improviste, parfois même en pleine mer d'huile. Leur sommet est décrit comme un mur d'eau, tandis que sous elles, l'océan semble s'ouvrir… C'est sûrement l'une d'elles qui a coulé le voilier de Gerry Rouf lors du Vendée Globe de 1997. On les a également rendues responsables de la disparition du navire de marchandise *Derbyshire*, intervenue au large du Japon en 1980.

Jusque récemment, seuls les témoignages de marins ou d'ouvriers de plates-formes *offshore* attestaient la réalité du phénomène. Désormais, les satellites permettent de mieux le saisir. Et les spécialistes se sont ainsi rendu compte qu'il était plus fréquent que ce qu'ils avaient imaginé. Avant de chasser ces vagues, ils estimaient leur fréquence d'apparition à une fois par siècle ou millénaire. Désormais, dans certaines régions, on considère que la probabilité d'en observer une toutes les heures est de plus de 3 % ! Telle a en tout cas été la conclusion de l'équipe de Paul Liu de la National Oceanic and Atmospheric Administration, après le « décorticage » de données recueillies au large de l'Afrique du Sud et du Brésil.

Si on sait désormais les compter, on ne sait toujours pas comment apparaissent ces vagues scélérates. Plusieurs hypothèses ont été émises, faisant appel aux vents, aux courants et aux différents types de vagues.

Ainsi, la rencontre frontale entre un train de houle modérée et un fort courant marin peut générer soudainement une très grande vague. Mais cela n'est possible qu'en certains points du globe, comme au large des côtes orientales de l'Afrique du Sud. Or, les vagues scélérates jaillissent un peu partout.

Autre configuration envisagée : la rencontre entre deux trains de houle dans des directions opposées. Toutefois, le profil des vagues résultant de cette rencontre n'est pas vraiment celui des scélérates.

Un train de vagues rapides et élevées peut en rattraper un autre, plus lent et avec des vagues moins hautes. Des vagues bien plus hautes se créent alors, mais cela n'explique en rien l'arrivée de vagues géantes par temps calme.

Si toutes ces configurations existent et ont été observées en mer ou même dans des bassins, aucune n'est assez générale pour expliquer un phénomène se produisant en des points variés du globe.

En décembre 2007, des physiciens américano-allemands ont émis une nouvelle hypothèse en étudiant le phénomène dans… des fibres optiques ! Après tout, grosses ou pas, les vagues sont des ondes, comme la lumière. Les chercheurs ont donc lancé des trains d'onde dans une fibre optique spécifique, en les perturbant par un bruit optique de faible intensité. Ils ont alors vu apparaître des ondes géantes, bien plus intenses que celles introduites. Techniquement parlant, ces dernières sont des solitons, des ondes qui se propagent dans un milieu sans s'atténuer. L'existence de ces solitons est bien connue, y compris en hydrodynamique. Par exemple, le mascaret (une vague qui peut atteindre deux mètres, remonte depuis l'océan Atlantique, la Dordogne ou la Garonne et ravit les surfeurs) possède les mêmes propriétés, mais son origine est connue, contrairement à ses grandes sœurs monstrueuses. Ce phénomène s'explique par les grandes marées montantes qui s'engouffrent dans les estuaires, mais aussi par l'existence d'un fond peu profond.

L'équipe de l'université de Californie et de l'Institut Max Born à Berlin n'a pas seulement vu des solitons géants apparaître dans la fibre. Elle a constaté que leur nombre était comparable à celui des vagues scélérates dans l'océan. Leur profil semble également assez proche. Enfin, comme les marins, les physiciens ont observé que ces vagues disparaissent parfois aussi vite qu'elles sont apparues.

En octobre 2009, une équipe australienne et espagnole a poursuivi cette enquête dans le monde de l'optique, en étudiant toutes sortes de conditions initiales favorables à l'apparition de ces anomalies. Certaines collisions à deux ou trois « vagues » sont plus favorables que d'autres à l'émergence d'événements géants.

Reste néanmoins à démontrer que ces analogies sont bien réelles et que l'océan se comporte comme une fibre optique…

VIDE

De quoi est-il fait ?

Il pourrait sembler étrange qu'il y ait des choses à dire sur le vide, puisque par définition il n'est rien. Et pourtant. Prenons une boîte. Aspirons-en toute la poussière, puis pompons-lui l'air jusqu'à atteindre une pression nulle. Il ne reste donc rien. Pas tout à fait encore. Si les parois de l'enceinte sont chaudes, alors un rayonnement est émis à l'intérieur, tout comme le fer rougit quand il est chaud. Pour faire cesser ce rayonnement, abaissons la température jusqu'au zéro absolu. Nous y sommes : il n'y a plus ni matière, ni rayonnement dans l'enceinte. Rien. Et pourtant non ! Il reste quelque chose. Si un petit électron pendu à un ressort était accroché dans la boîte, alors il se mettrait à osciller ! Comme si des particules démoniaques et fantômes venaient le titiller en lui tirant dessus. Jamais l'électron ne s'arrêterait. Voilà le mystère du vide qui intrigue les physiciens.

Une partie du secret a été dévoilée par la mécanique quantique, théorie qui décrit l'infiniment petit, le monde des atomes et des électrons. Selon cette théorie, il faut se méfier des apparences. Il n'y a apparemment rien dans l'enceinte et, pourtant, c'est en réalité un grand bazar. En permanence, des particules et leurs antiparticules (voir p. 19) sont créées, puis aussitôt annihilées. Comme si des boursicoteurs achetaient et vendaient des titres et des actions sans créer de richesses. Quelques-uns parfois font fortune, d'autres perdent, puis la roue tourne. En moyenne, il n'y a donc rien, mais des fluctuations autour de cette moyenne se produisent. Du coup, dans la boîte, l'énergie n'est pas nulle : c'est ainsi que le vide est défini. Non pas comme l'absence de « tout », mais comme le lieu d'énergie minimale.

Le problème se complique lorsqu'on s'échappe dans l'infiniment grand. Chaque parcelle de notre univers contient au minimum cette énergie. Si les astrophysiciens faisaient la somme de ce pactole, alors la force résultante devrait accélérer l'expansion de notre univers (voir « Énergie noire », p. 87). Catastrophe, cette quantité atteindrait des sommets : un « 1 » suivi d'une centaine de « 0 » (à ce niveau, quelques zéros de plus ou de moins ne sont guère importants). Nous ne devrions même plus être là, tant cette incroyable énergie aurait déchiré l'espace, et nous avec. Ce constat est le plus important désaccord rencontré en physique entre théorie et expérience. Quelque chose de la nature du vide nous échappe donc encore.

Tout n'est pas perdu. Le vide existe bien et ses fluctuations aussi. On peut même s'en apercevoir *de visu*. Dans une grande boîte pleine de vide, disposons deux plaques métalliques l'une en face de l'autre. Incroyable ! Elles s'attirent. Les fluctuations du vide se font sentir. En effet, tout se passe comme s'il y avait plus d'agitation à l'extérieur des deux plaques qu'à l'intérieur. Du coup, la pression est plus forte de l'extérieur vers l'intérieur et les plaques se rapprochent. Certes, l'effet est minime et c'est ce qui explique pourquoi il n'a été mesuré qu'en 1958, dix ans après avoir été envisagé par le physicien hollandais Hendrik Casimir. La confirmation irréfutable de cette force de Casimir, comme elle a été depuis baptisée, n'est intervenue qu'en 1997.

Ces deux plaques font désormais office de boule de cristal pour les physiciens qui réfléchissent sur le vide. Ils tiennent là un moyen de contrôler cette force, pour mieux la comprendre. Les expériences étonnantes se sont succédé. L'équipe de Frederico Capasso (université de Harvard) a démontré que cette force peut nuire à la bonne marche des mécanismes micrométriques imaginés par les ingénieurs afin de miniaturiser encore et encore les composants. La force « collerait » les dispositifs entre eux. En 2008, la même équipe a réussi à rendre cette force répulsive en jouant sur les propriétés métalliques des plaques en vis-à-vis. Et la quête du Graal prend les traits d'une expérience étonnante : faire jaillir de la lumière à partir de rien ! L'idée : mettre face à face deux miroirs formant une cavité, puis les faire vibrer. Certains prétendent que des photons, c'est-à-dire des grains de lumière, pourraient apparaître entre les côtés réfléchissants. D'autres pensent que non. Tout dépendrait en fait de la manière dont vibrent les plaques.

Quoi qu'il en soit, quelques expériences ont débuté en Italie, en France et aux États-Unis. Point de feu d'artifice en perspective tant l'effet lumineux sera faible, s'il se produit. Et les lois de la physique en sortiront indemnes : l'énergie de quelques photons sera plus faible que celle mobilisée pour faire osciller les miroirs. Le tout ne jaillira pas de rien.

VIE

Comment est-elle apparue sur Terre ?

La fin du livre approche et rien n'a été dit sur le début. Réparons donc cette incongruité en racontant ce que l'on ne sait pas sur les origines de la vie.

Plusieurs hypothèses sur ce mystère ont été émises, sans être forcément contradictoires. Soit la vie est tombée du ciel, soit elle est sortie des eaux, soit elle a germé près des volcans. Dans tous les cas, le cuisinier avait un sacré coup de main pour réunir les bons ingrédients et les assembler.

Tout a commencé il y a, il y a... En fait, nous ne savons pas bien. Les polémiques vont en effet bon train lorsqu'il s'agit d'évoquer les plus anciennes traces de vie sur Terre. En 1996, on a collecté des indices de vie dans des roches du Groenland potentiellement âgées de 3,9 milliards d'années. Mais en février 2009, après bien des débats, une étude a penché pour une origine magmatique, et non biologique, de ces roches, ce qui les rajeunirait d'au moins 200 millions d'années. L'année précédente, en 2008, une équipe française avait daté des roches australiennes de 2,7 milliards d'années environ. Ces cailloux appelés « stromatolithes » sont en fait le résultat d'une activité bactérienne qui transforme le bicarbonate dissous dans l'eau en carbonate de calcium insoluble. La preuve de l'existence sur Terre de stromatolithes plus anciennes (y compris d'environ 3,5 milliards d'années) ayant été faite, il n'est pas impossible que la vie soit apparue à ce moment-là. Finalement, l'acte de naissance de la vie sur Terre se situerait donc entre 4,5 milliards d'années (date de la formation de notre planète) et environ 3 milliards d'années.

Mais qu'est-ce qui naît à ce moment-là ? À quoi ressemble la vie primitive ? Là encore, les scientifiques ne sont pas d'accord. Plusieurs molécules sont indispensables, dont les acides aminés (constitués de carbone, d'oxygène, d'azote et d'hydrogène) qui, en s'assemblant, forment les protéines, ces longues chaînes nécessaires au fonctionnement de nos cellules.

Il faudrait aussi des sucres, ces molécules très difficiles à synthétiser, qui rentrent dans la composition de structures aussi complexes que l'ADN, support des gènes, sa cousine l'ARN et des variantes de la même famille.

Ajoutons aussi quelques lipides pour former des membranes.

En tout cas, il faut trouver un moyen d'assembler en un édifice complexe les quelques molécules primitives présents sur Terre que sont, entre autres, l'hydrogène, le méthane (un gaz contenant un atome de carbone), le dioxyde de carbone, l'eau et l'azote.

Les efforts des chimistes se sont surtout portés sur les acides aminés. La première recette a été concoctée en 1953. Dans le laboratoire de son professeur Harold Urey à l'université de Chicago, l'étudiant chimiste Stanley Miller a mélangé du méthane, de l'hydrogène, de l'ammoniac et de l'eau dans des éprouvettes. Il a éclairé l'ensemble par des UV pour simuler le Soleil et créé des décharges électriques pour remplacer l'énergie apportée par la foudre. Le résultat a justement créé un coup de tonnerre : au milieu de cette soupe, le chimiste a découvert une poignée d'acides aminés, ainsi que d'autres composés, notamment utiles à la formation des sucres ! La vie, ou tout du moins ses premiers balbutiements, vient d'être recréée en laboratoire ! Enfin, presque…

Peu après, on découvre en effet que l'atmosphère primitive de Miller n'est pas tout à fait celle de la Terre. À l'époque, il y aurait eu beaucoup plus de CO_2 que d'hydrogène. Dans ces conditions, la recette de Miller devient indigeste.

Heureusement, à la fin de l'année 2008, des successeurs de Miller ont donné un nouveau souffle à sa théorie. Ils ont en effet découvert d'anciens échantillons obtenus dans une atmosphère différente, analogue à celle régnant près des volcans, et dans lesquels ils ont observé un tas d'acides aminés.

Entre-temps, d'autres processus chimiques pouvant expliquer la genèse de la vie sur Terre ont été passés au crible de la science.

Sous l'eau, près de cheminées appelées « fumeurs », les conditions idéales d'apparition de la vie sont réunies : l'énergie (car ces cheminées sont chaudes) ; l'eau ; des gaz tels que l'hydrogène, l'azote, ou le dioxyde de carbone et même des hydrocarbures !

Une autre hypothèse alternative a été envisagée : l'arrivée de la vie par les airs, depuis l'espace, appelée l'« exobiologie ». Les précieux acides aminés auraient été fabriqués loin de la Terre et transportés sur notre planète par les météorites. La Terre a en effet connu un intense bombardement de météorites 500 millions d'années environ après sa formation et durant 200 millions d'années ! Autant dire que la matière extraterrestre a été livrée sur Terre à raison d'une centaine de tonnes par an durant cette période ! Restait à démontrer que l'espace pouvait se transformer en laboratoire de chimie. En 2002, une équipe du laboratoire d'astrophysique de Leyde (Pays-Bas) y est parvenue. Un milieu composé de glace, d'ammoniac et de CO_2 et refroidi à -260 °C sous très faible pression a été irradié par des UV. Comme dans l'expérience de Miller, des acides aminés sont effectivement apparus ! Avantage de ce processus : il permet d'expliquer l'asymétrie régnant dans la nature entre les molécules droite et gauche (voir « Chiralité », p. 67). En revanche, il peine à engendrer les sucres indispensables à la fabrication de l'ARN ou l'ADN, à l'inverse des hypothèses prébiotiques terrestres, qui maîtrisent la recette du sucre, mais pas l'asymétrie…

Et quand bien même toutes les pièces du puzzle seraient rassemblées, il resterait une dernière étape à franchir : retrouver la trace de la première molécule capable de se répliquer (le mot consacré pour la « reproduction » des molécules)… Les brins d'ADN le font dans nos cellules, mais la machinerie est très complexe, sans doute trop pour un début de vie sur Terre. L'ARN, faite d'un simple brin de molécules, serait un meilleur candidat, mais c'est une autre (longue) histoire. Et un autre mystère.

VISAGES

Comment le cerveau les reconnaît-il ?

C'est lorsque le cerveau déraille qu'on se rend compte à quel point il est une machine merveilleuse et redoutablement efficace. Prenons l'exemple d'une activité *a priori* anodine et banale : la reconnaissance des personnes et des visages. En moins d'une seconde, de face ou de profil, bien ou mal éclairés, de près ou de loin, un homme peut reconnaître plusieurs centaines de proches, de collègues, de vedettes... sans se tromper. De cette observation, il peut même déduire rapidement le sexe, l'âge, l'humeur de celui qui lui fait face. Les détecteurs automatiques sont loin de pouvoir en dire autant !

Mais l'encéphale connaît également de sérieux dysfonctionnements. Deux personnes sur cent seraient, à différents degrés, atteintes de prosopagnosie, c'est-à-dire d'incapacité à reconnaître des visages pourtant familiers. Seul le contexte leur permet de savoir s'ils ont affaire à leur médecin ou à un collègue de travail.

D'aucuns souffrent du syndrome de Fregoli et voient dans tout visage croisé l'incarnation d'une même personne, associée à un délire de persécution. D'autres, au contraire, sont atteints du syndrome de Capgras et pensent que les gens (qu'ils reconnaissent sans la moindre difficulté) sont en fait des sosies usurpateurs.

Et que dire alors de ceux qu'on a récemment qualifiés de « super-identifiants » et qui reconnaissent à peu près tout le monde, même un inconnu croisé dans la rue bien des années plus tôt ? Les psychologues de l'université d'Harvard qui ont mis en évidence ce phénomène en 2009 pensent que cette caractéristique ne présente pas que des avantages pour ceux qui en sont porteurs. Ces physionomistes hors pair doivent parfois prétendre ne pas reconnaître quelqu'un pour éviter de passer pour des anormaux.

En matière de reconnaissance, le cerveau slalomerait entre la très grave anomalie et la « perfection », en passant par la normalité.

Reconnaître un visage n'est donc pas si naturel. D'ailleurs, les chercheurs sont bien en peine d'expliquer comment le cerveau y parvient. Quelles zones sont activées ? Quels éléments d'un visage les yeux captent-ils ? Comment les neurones codent-ils cette information ? Les questions ne manquent pas. Avantage : il est facile de mener et reproduire des expériences sur le sujet. IRM, électrodes dans le crâne, électroencéphalogrammes sont des outils qui permettent d'y voir un peu plus clair.

Quelle partie du cerveau est sollicitée ? Outre la zone évidente du cortex visuel primaire, indispensable pour traiter l'information provenant des yeux, deux zones-clés semblent également activées : les aires dites « fusiformes faciale et occipitale », voisines et situées à l'arrière du cerveau (et proches des aires visuelles primaires, à l'opposé des yeux, au fond du crâne), et les aires visuelles primaires de l'arrière du crâne. Une expérience récente menée par l'équipe d'Emmanuel Barbeau à l'université de Toulouse a révélé que huit zones pouvaient être sollicitées ! Les chercheurs, grâce à des électrodes fichées dans le crâne de patients épileptiques, ont même suivi la dynamique de l'excitation, qui dure environ 250 millisecondes. Et là, autre surprise : l'information ne suit pas un processus hiérarchique qui ferait pénétrer de plus en plus profondément le signal vers des zones de plus en plus complexes (ou, pour utiliser les termes chers aux neurologues, des régions postérieures vers les régions antérieures). En fait, des zones antérieures sont activées en même temps que des aires postérieures.

C'est aussi ce que Bruno Rossion, de l'Université catholique de Louvain, a observé sur une patiente prosopagnosique. Une aire cérébrale antérieure de cette malade a été activée sans que l'aire postérieure le soit. Il n'y aurait donc pas de hiérarchie dans le traitement de l'information. Tel un coup de foudre, la reconnaissance du visage agiterait de nombreuses zones de manière presque simultanée.

Où sont donc stockés les visages ? Personne ne croit vraiment que chaque visage puisse être associé à un seul neurone ; le système serait alors trop fragile. La moindre perte d'une cellule neuronale nous empêcherait de reconnaître une personne. Par dérision, ces neurones imaginaires ont été baptisés « grand-mère ». Cela dit, un chercheur prétend les avoir trouvés (ou presque) ! Rodrigo Quian Quiroga, de l'université de Californie, a démontré en 2005 qu'un petit nombre de neurones suffit à la reconnaissance. Mieux : que l'on montre à un patient le visage d'une vedette (en l'occurrence Jennifer Aniston de la série télévisée *Friends*), son nom, ou une actrice de la même série, ce sont toujours les mêmes neurones qui sont activés ! Malheureusement, l'équipe de Quiroga est l'une des seules à pratiquer ce type d'expériences, ce qui nourrit le scepticisme. Les électrodes utilisées ne « surveillent » pas tout le cerveau ; il se pourrait bien que des phénomènes plus complexes soient à l'œuvre, loin de ces neurones « grand-mère ». L'exploration complète du processus n'est donc pas achevée.

Quand nous observons un visage, que regarde notre cerveau et que garde-t-il en mémoire ? Là encore, moult incertitudes demeurent. En montrant des images de visages aux parties « tronquées » artificiellement à des cobayes et en suivant leur mouvement oculaire[1], il a été démontré que le nez et les yeux ont une importance cruciale dans la reconnaissance d'un visage. Cependant, en 2008, une équipe de l'université de Glasgow est venue ébranler cette certitude, en constatant qu'il s'agissait là d'un fait culturel. Les Occidentaux se concentreraient plus sur les yeux et la bouche, quand les Asiatiques viseraient plutôt le nez.

Quels qu'ils soient, ces éléments attirant l'attention serviraient de repères et permettraient ensuite au cerveau de mesurer les écarts d'un visage par rapport à une représentation moyenne. Les yeux d'une personne sont-ils plus écartés (que le modèle moyen) ? Son menton se trouve-t-il plus près du nez ? Ses yeux sont-ils alignés ? L'enregistrement de ces écarts permettrait de dire à qui l'on a affaire. Mais c'est loin d'être la seule hypothèse.

Ce codage a en effet été remis en question par une équipe anglaise des universités de Londres et de Stirling. Cette dernière pense que le cerveau transforme les visages en une sorte de code-barres horizontal. Une succession de lignes blanches et noires formerait la signature de chaque visage. Le cerveau pourrait alors rapidement extraire un visage d'une scène générale ; un paysage ou un objet quelconque ne présenteraient pas cette particularité géométrique. En outre, le cerveau pourrait connaître des bogues en cas de défaut de l'image (flou, inversion des couleurs…).

Naoki Saito, de l'université de Californie, et Bruno Olshausen, à Berkeley, ont un autre avis sur le code que nous utiliserions. Pour eux, le cerveau aurait la capacité de compresser les images encore plus efficacement que ne le fait un ordinateur transformant une image numérique au

1. Une technique permet de boursoufler le visage avec des bulles, de sorte que soient plus facilement observables le nez, le menton, les yeux, les sourcils… et que le reste semble invisible.

format Tiff dans le célèbre format jpeg (c'est-à-dire en une image nécessitant plus de dix fois moins d'informations). Selon eux, le cerveau utiliserait naturellement des techniques mises au jour par les mathématiciens les plus en pointe ! Étant donné la rapidité avec laquelle notre encéphale effectue ces tâches, il est certain que dame Nature a inventé un code à la fois simple et léger. Le « casser » pourrait améliorer l'efficacité des dispositifs de reconnaissance automatique, mais le code résiste.

VOYNICH

Que cachent le texte et les images étranges de ce manuscrit du xve siècle ?

C'est un ouvrage étrange fait d'une centaine de feuillets illustrés sur lesquels courent quelques dizaines de lignes écrites dans un alphabet inconnu[1]. Les premières pages évoquent un herbier, les suivantes un traité d'astronomie. Puis, plusieurs baigneuses ajoutent au mystère avant de céder la place, en fin d'ouvrage, à une nouvelle foison de plantes et de lettres minuscules. Ce livre, que l'on peut parcourir sur Internet ou sur papier[2], remonte au xve ou xvie siècle. Jusqu'à présent, personne n'a su le déchiffrer !

Il porte le nom de son découvreur, le libraire Wilfrid Voynich, qui l'a trouvé en 1912 dans une bibliothèque près de Rome. Aujourd'hui, la bibliothèque de l'université de Yale (États-Unis) est propriétaire[3] du manuscrit et l'a numérisé pour rendre sa consultation accessible à tous.

Peu après sa découverte, les premiers déchiffreurs s'y sont cassé les dents. En 1919, un philosophe américain, William Newbold, prétend avoir trouvé le code permettant de déchiffrer le manuscrit dans de minuscules traits de plumes qu'il distingue au microscope. Il y voit la patte

---

1. Pour feuilleter le manuscrit : http://beinecke.library.yale.edu/digitallibrary/voynich.html
2. *Le Code Voynich*, Jean-Claude Gawsewitch éditeur, 2005.
3. À la mort de Voynich en 1931, puis de sa femme, sa secrétaire en hérite. Elle le cède à un autre libraire, qui, ne pouvant le vendre, en fait don à cette grande université américaine.

d'un philosophe du XIIIe siècle, Roger Bacon. Celui-ci, selon Newbold, révèle les secrets du télescope (qui lui a permis de faire certaines découvertes astronomiques), et du microscope (qui lui a ouvert les yeux sur le monde des cellules). S'il est bien fait mention de Roger Bacon dans une lettre trouvée avec le livre, cette hypothèse, dont les conclusions sont de toute façon irréalistes, a fait long feu : les marques repérées par Newbold ne semblent être que des craquelures du papier.

Après la Seconde Guerre mondiale, des casseurs de code s'attaquent à leur tour au Voynich. Sans succès. En 1978, l'un d'eux émet l'hypothèse que le texte puisse être de l'ukrainien sans voyelle. En suivant cette idée, on obtient bien un texte en ukrainien, mais sans aucun rapport avec les images… En 1987, la thèse d'un manuscrit cathare ne convainc pas davantage. Plus sérieusement, dans les années 1970, un spécialiste de la NSA américaine en vient à la conclusion, après de fines analyses statistiques, que le texte est en fait la réunion de deux « langues » différentes. Soit il a été écrit par deux auteurs, soit par un seul mais à deux époques différentes.

D'autres analyses montrent que les propriétés de répartition statistique des mots du Voynich sont les mêmes que celles d'une langue classique.

Personne n'ayant réussi à déchiffrer le manuscrit, une théorie refait surface, selon laquelle le texte n'aurait en fait aucun sens et s'apparenterait à une sorte de canular destiné à « arnaquer » son acheteur du XVIe siècle, l'empereur Rodolphe II de Bohême.

En 2004, le Britannique Gordon Rugg, du département de mathématiques et d'informatique de l'université de Keele, a mis au point une méthode faisant appel à des notions déjà connues au XVIe siècle et permettant de générer facilement un texte aléatoire ayant l'apparence d'une langue étrange. C'est une sorte de grille que l'on « promène » sur un vrai texte et qui permet d'en générer un autre. Malheureusement, le texte ainsi obtenu ne présente pas toutes les propriétés du manuscrit.

En 2007, Andreas Schinner, un informaticien autrichien, a proposé une nouvelle analyse statistique du Voynich. Il estime que des régularités cachées sont incompatibles avec une technique de cryptage. Pour lui, il ne fait aucun doute qu'une méthode générant des lettres au hasard a été utilisée. Reste à savoir laquelle…

YÉTI

Existe-t-il ?

Yéti, Barmanou, Big Foot, Mapinguari... Autant de noms curieux qui tous désignent une créature étrange, velue, se déplaçant sur deux pattes, mi-homme, mi-singe. Le premier, le plus connu, popularisé par Hergé, hante les hauts plateaux du Tibet, du Népal et de l'Himalaya. Le deuxième vit plus au nord, dans les montagnes de l'Hindi Kuch. Le troisième a été aperçu en Amérique du Nord. Le dernier, censé dégager une odeur nauséabonde, peuple les forêts amazoniennes. Et il y en a bien d'autres.

Mais existent-ils vraiment ? L'année 2008 a encore été riche en (pseudo) découvertes. Des Japonais ont affirmé avoir découvert une empreinte géante au Népal. Des Américains ont trouvé un reste de corps de Big Foot de deux mètres de long et pesant 270 kilos ! Enfin, un poil découvert au nord-est de l'Inde et appartenant à une espèce inconnue a été rapporté en Angleterre pour analyse. Hélas ! à chaque fois les preuves se sont dégonflées... L'empreinte n'a pas convaincu. Le cadavre était un mélange de caoutchouc et de glace. Et le poil appartenait finalement à une espèce de chèvre !

Pourtant, le yéti existe bien... dans l'imagination de milliers d'êtres humains. En juillet 2007, un savant colloque intitulé « Du Big Foot au yéti, anthropologie de l'imaginaire » a tenté de comprendre la persistance d'un tel mythe. Une dizaine de spécialistes se sont rassemblés en Provence, à l'initiative de Gilles Boëtsch et Jean Gagnepain, respectivement anthropologue à l'université de la Méditerranée et préhistorien au musée de la Préhistoire à Quinson (Alpes-de-Haute-Provence). Si aucune preuve crédible de l'existence de ces créatures n'a jamais été apportée, leur mythe est un sujet de réflexion bien vivant. Après tout, il existe bien des spécialistes des centaures, des cyclopes et autres gorgones, pourquoi ne pas débattre de ces « nouvelles » entités mythologiques ? Beaucoup d'interrogations restent en tout cas en suspens.

Comment se fait-il que des populations imaginent des créatures assez semblables en des lieux si divers ? N'y aurait-il pas une part de réalité à la base de ces fantasmes ? Pourquoi cherche-t-on encore la trace de ces animaux étranges, malgré les nombreuses fausses alertes[1] ?

Lors de ce colloque, quelques coins du voile ont été levés.

D'abord, ces bêtes velues sont le plus souvent aperçues dans des régions montagneuses assez rudes et isolées : l'Himalaya, le Népal, les Rocheuses et même le Pays basque, où l'on a relevé le témoignage de présences étranges au XVIIIe siècle. En fait, les yétis incarneraient l'inconnu, le mystérieux qui règne dans ces contrées inhospitalières[2]. Cette croyance permettrait en quelque sorte de maintenir la cohésion d'un groupe autour de concepts communs et d'apprivoiser les peurs ancestrales. Mettre un nom sur la peur, c'est un peu la conjurer.

Mais il y a d'autres explications à ces fantasmes. Ils permettent par exemple à l'espèce humaine de se définir en creux ; d'opposer la civilisation à la sauvagerie ; voire de

---

1. Par exemple, en ex-URSS et en Chine, des expéditions (bénéficiant toujours d'une caution scientifique) ont été menées dans les années 1990 pour traquer l'une l'*almasty*, l'autre le *yeren*. Chou blanc.

2. Quant aux conditions météorologiques de ces régions (neige, brouillard), elles peuvent aider à brouiller les esprits.

situer l'homme par rapport à la nature. Au gré des époques, ces monstres font peur, ou fascinent. De nos jours, l'homme serait assez enclin à admirer ce cousin qui a su rester sauvage.

Un autre débat très vif porte sur les éléments tangibles permettant d'expliquer la construction de ces mythes. Par exemple, certains se demandent si les yétis ou *yeren* (un cousin du nord de la Chine) n'auraient pas été imaginés après la découverte de quelques dents géantes. En effet, en 1935 et dans les années 1950, les paléontologues ont découvert quelques dents et mandibules appartenant à des espèces vieilles de deux à trois millions d'années. Ils ont même baptisé « gigantopithèques » ces grands primates. Ces indices demeurant fort minces (seulement quatre mandibules et un millier de dents), les spéculations sont allées bon train… Ces monstres auraient pu mesurer plus de trois mètres ou ne pas être plus grands qu'un gorille. Longtemps, on a cru qu'ils appartenaient à la lignée humaine, puis on a considéré qu'il s'agissait en fait de cousins des grands singes (les gorilles ou les orangs-outans, par exemple). On est pour l'heure incapable d'expliquer comment ils ont disparu de ces contrées… Bref, les gigantopithèques ont bel et bien existé et sont un objet d'étude à part entière.

Enfin, dernière question : pourquoi des gens s'obstinent-ils à chercher encore des traces de ces créatures velues ? Peut-être parce que la probabilité d'en trouver n'est pas nulle ! Certains arguments peuvent en effet légitimer une telle chasse. Par exemple, toutes les vallées népalaises ou himalayennes n'ont pas été explorées ; des oasis abritant ces créatures peuvent donc exister. En outre, de nouvelles espèces sont découvertes tous les ans… Alors, pourquoi pas un yéti ? En mai 2009, un lémurien jusque-là inconnu a par exemple été découvert à Madagascar. Il n'est pas géant, mais cela rend optimiste.

Des explications d'ordre plus idéologique et psychologique sont également avancées, et l'on ne peut exclure non plus les motivations financières... Certains considèrent que les yétis pourraient être assimilés à des Néandertaliens, donc à des survivants de la préhistoire (voir « Neandertal », p. 143). Parmi les défenseurs de cette thèse, on compte le Belge Bernard Heuvelmans, qui, dans les années 1950, a créé une nouvelle discipline, la cryptozoologie (ou science des animaux cachés). En 1974, il a défendu l'ascendance du yéti dans un livre au titre clair comme de l'eau de roche : *L'homme de Neandertal est toujours vivant.* Petite faille dans cette théorie : la morphologie des Néandertaliens décrite par les paléontologues contemporains ne correspond en rien aux portraits de yétis.

Enfin, la quête du yéti s'apparente peut-être à d'autres quêtes « occultistes », telle la traque des ovnis ou du monstre du Loch Ness. Ces recherches sont souvent motivées par le désir de croire qu'il existe des vérités cachées, c'est-à-dire non accessibles à la science et à la religion, comme l'a expliqué l'anthropologue Wiktor Stoczkowski dans son livre *Des hommes, des dieux et des extraterrestres. Ethnologie d'une croyance moderne*. Du coup, les dénégations scientifiques n'ont aucune prise sur ceux qui veulent croire, puisque ces derniers réfutent l'idée que la science soit le seul mode d'accès à la connaissance... Le yéti peut dormir tranquille ; il ne mourra probablement jamais.

ZEN

La science gardera-t-elle son calme ?

Quoi de mieux, pour terminer cet inventaire par la dernière lettre de l'alphabet, que cette interrogation provocante sur la fin de la science ?

La pirouette est sérieuse. On ne cherchera peut-être plus demain comme on cherche aujourd'hui. Ces dernières années, des sirènes d'alarme ont retenti. *La Fin de la science*, *Un futur sans avenir : pourquoi il ne faut pas sauver la recherche*, *Les scientifiques dans la tourmente*, *Rien ne va plus en physique !*[1]...

Pour les uns, la science en fait trop. Pour les autres, elle n'en fait pas assez. Du côté des insatisfaits, il y a bien sûr ceux qui en veulent pour leur argent. En général, ce sont les pouvoirs publics, qui financent laboratoires et universités.

Jusqu'à la Seconde Guerre mondiale, le champ scientifique jouissait d'une certaine autonomie. Les chercheurs fixaient les grands axes de recherche et diffusaient les connaissances assez librement. Avec la guerre, les financeurs ont voulu peser sur les directions scientifiques elles-mêmes. D'abord pour contrôler les programmes d'armement, ensuite de façon plus générale. La connaissance est devenue la source de la croissance économique.

1. Titres ou sous-titres de livres récents, respectivement de John Horgan (1998, en anglais), Groupe Oblomoff (2009), Isabelle Stengers (2006) et Lee Smolin (2007).

Aujourd'hui, cette tendance est poussée jusqu'à la caricature. Les chercheurs, pour bénéficier de moyens, doivent annoncer à l'avance ce qu'ils vont trouver. C'est le résultat de ce qu'on appelle la politique du financement des projets sur appel d'offres, dont le modèle s'est imposé partout[1]. Une enveloppe budgétaire est allouée à tel ou tel projet, à charge aux équipes de recherche de se battre entre elles pour recueillir la manne. La compétition, déjà rude pour parvenir à publier ses travaux, est exacerbée. Pendant ce temps, les pouvoirs publics ont les yeux rivés sur leurs indicateurs : combien d'articles publiés ? Combien de brevets déposés ? Combien de collaborations extérieures ? Quelle place dans les classements internationaux ?

Cette course ne dit rien de bon à Laurent Ségalat. Dans un pamphlet intitulé *La Science à bout de souffle ?*[2], ce biologiste dénonce cette évolution, qui ne peut que conduire à des dérives telles que la fraude ou les articles inutiles… Il se demande en outre si ce système un peu fou ne bride pas la recherche au lieu de la stimuler. Ainsi, dans le domaine médical, des pathologies telles que le cancer, le paludisme ou la résistance aux antibiotiques continuent de défier la science après des décennies de recherche. Même interrogation de Lee Smolin et Peter Voigt, en physique cette fois : la discipline, selon eux, serait au point mort (voir p. 245). Il faut de nouvelles idées[3].

L'Histoire dira si les chercheurs du XXIe siècle sont tombés sur des os particulièrement délicats ou si c'est effectivement leur manière de travailler qui a péché…

---

1. En France, depuis 2005, l'Agence nationale de la recherche finance ainsi des centaines d'équipes de recherche.
2. Seuil, 2009.
3. Les maths sont peut-être exemptés de cette déprime. En 2010, une récompense d'un million de dollars a été attribuée pour la résolution d'un important théorème.

Pour d'autres, au contraire, la science en fait trop. Les scandales environnementaux et sanitaires de la fin du XXe siècle, ainsi que l'émergence de nouvelles technologies, sont passés par là. Crise de la vache folle, sang contaminé, amiante, OGM, énergie nucléaire, nanotechnologies, autant de sujets sur lesquels la science a dû répondre à des accusations plus ou moins graves. Tout mettre dans le même sac serait un raccourci grossier. Ces exemples montrent néanmoins deux choses : l'apparition d'un nouvel acteur sur la scène : la société civile ; et l'obligation faite aux scientifiques de s'interroger sur leur responsabilité sociale.

Qu'il s'agisse d'ONG, de petits groupes minoritaires ou d'associations de victimes, tous ont su développer une contre-expertise de qualité pour contester les industries, les administrations… et les chercheurs ! Les critiques sont parfois rudes. Le groupe anonyme Oblomoff a ainsi publié un recueil de textes sans indulgence sur la recherche scientifique, laquelle serait souvent vendue à l'industrie ou à la Défense, se serait transformée en technoscience et se soucierait peu des conséquences de ses travaux…

Avec des mots plus doux, des philosophes et des historiens (tels Jean-Jacques Salomon, Bernadette Bensaude-Vincent ou Isabelle Stengers) ont tenté de réveiller les consciences scientifiques, les invitant à s'ouvrir à la société.

Peu à peu, l'idée fait son chemin. Ainsi, dans un récent rapport de l'Afsset consacré au sujet très polémique des radiofréquences, peut-on lire ces phrases inattendues : « La controverse publique sur les radiofréquences […] met aux prises différents groupes d'acteurs qui tous mobilisent à la fois des arguments scientifiques, éthiques et économiques. […] Elle […] pose ainsi plus généralement la question de la bonne gouvernance de ce type de questions, ce qui nécessite que soient menées de plus amples réflexions sur l'ouverture de l'expertise scientifique à la société, ainsi que sur les procédures permettant d'organiser un débat public sur les enjeux scientifiques et techniques. »

Les scientifiques n'ont donc plus le monopole de l'argumentation et de l'expertise : les temps sont rudes ! Et comme s'ils n'avaient pas assez à faire avec les cinquante-neuf énigmes de ce livre, il leur faut encore courir après les financements, être en compétition avec des collègues pour les budgets, breveter leurs résultats, rendre compte à la société de l'impact de leurs travaux… Comment rester zen dans ces conditions ? Encore une question ouverte…

Table

REMERCIEMENTS

Je suis grandement redevable aux dizaines de chercheurs dont les témoignages ont nourri ce livre. Leur patience et leurs explications m'ont été précieuses. Il va sans dire que je reste responsable d'éventuelles erreurs introduites dans la description de leurs travaux.

Merci aussi à mes collègues de *Sciences et Avenir* qui m'ont ouvert l'esprit sur bien des sujets et qui, chaque mois, éclairent leurs lecteurs sur les progrès de la science.

Je suis aussi reconnaissant à Jean-Marc Biais de m'avoir engagé dans cette aventure, puis d'avoir été le premier lecteur de ces textes.

Merci enfin à Évelyne, mon mystère préféré, pour son soutien et ses relectures.

CHEZ LE MÊME ÉDITEUR

FRÉDÉRIC DENHEZ – MARIELLE MAYO

Pourquoi les mules ne sont pas des mères poules

et 99 autres questions aux généticiens

sous la direction de Pierre Tambourin

Pourquoi les mules sont-elles stériles… et pas les juments ? Un chien peut-il redevenir un loup ? Les sportifs peuvent-ils se doper génétiquement ? Nos ancêtres étaient-ils vraiment gaulois ? Notre mort est-elle programmée dans nos gènes ? Aurons-nous un jour notre clone thérapeutique ? Faut-il cloner les espèces menacées pour empêcher leur extinction ?

Questions insolites ou énigmes insolubles ? Cet ouvrage répond à cent interrogations – pertinentes et impertinentes – en s'appuyant sur les plus récentes découvertes de la recherche.

De la thérapie génique aux OGM, du clonage aux tests ADN, Frédéric Denhez et Marielle Mayo abordent les enjeux médicaux, éthiques ou environnementaux de la génétique.

Frédéric Denhez *est l'auteur de nombreux ouvrages sur les sciences et l'écologie, dont* Quelle France en 2030 ? *(Armand Colin, 2009),* L'Atlas du changement climatique *(Autrement, 2009). Journaliste scientifique,* ***Marielle Mayo*** *collabore notamment à* Science & Vie. *Elle a contribué à* Mon atlas, ma planète *(Mila Éditions, 2005),* À la découverte du savoir de nos ancêtres *et* Un cerveau tonique pour la vie (Reader's Digest, 2005 et 2009).

ISBN 978-2-8098-0103-3 / H 50-5759-1 / 240 pages / 17,95 €

Cet ouvrage a été composé
par Atlant'Communication
au Bernard (Vendée)

Achevé d'imprimer sur Roto-Page
par l'Imprimerie Floch à Mayenne
en mai 2010
pour le compte des Éditions de l'Archipel
département éditorial
de la S.A.S. Écriture-Communication

Imprimé en France
N° d'impression : 76791
Dépôt légal : juin 2010

Bibliothèque - Départementale - 13